FASHION DESIGN

艺术设计方法与实践教程·服装设计系列

执行主编 苏永刚

总主编 余强

数码服装设计表达方法

SHUMA FUZHUANG SHEJI BIAODA FANGFA

苏永刚 程 琦 编著

设计路线图

重庆大学出版社

图书在版编目(CIP)数据

数码服装设计表达方法/苏永刚,程琦编著.—重庆:
重庆大学出版社,2007.1(2013.6 重印)
艺术设计方法与实践教程.服装设计系列
ISBN 978-7-5624-3858-8

Ⅰ.数… Ⅱ.①苏…②程… Ⅲ.服装—计算机辅
助设计—高等学校—教材 Ⅳ.TS941.26
中国版本图书馆 CIP 数据核字(2006)第 131556 号

数码服装设计表达方法
苏永刚 程 琦 编著
责任编辑:张菱芷 蹇 佳 版式设计:金思梦
责任校对:夏 宇 责任印制:赵 晟
*
重庆大学出版社出版发行
出版人:邓晓益
社址:重庆市沙坪坝区大学城西路 21 号
邮编:401331
电话:(023) 88617183 88617185(中小学)
传真:(023) 88617186 88617166
网址:http://www.cqup.com.cn
邮箱:fxk@cqup.com.cn (营销中心)
全国新华书店经销
重庆市川渝彩色印务有限公司印刷
*
开本:889×1194 1/16 印张:6.75 字数:219 千
2007 年 1 月第 1 版 2013 年 6 月第 3 次印刷
印数:6 001—7 500
ISBN 978-7-5624-3858-8 定价:35.00 元

序

近年来，设计教育的发展不可谓不红火，能办的学校都办了，一片欣欣向荣的繁盛景象。客观地说是促进了中国设计的向前发展，人多力量大，不发展都不行。

但凭这种批量化生产的设计师，是否真的达到了预期的设想？我们只需看看市面上流行的大量粗制滥造的设计产品（作品），似乎可以做一些反思——设计究竟是什么？是绘出漂亮的效果图？或满足客户要求的折中设计？或翻翻资料做些改良，而又不知其所以然的设计？我们从各式各样的设计教材和课程设置上几乎都可以找到答案。即便引导学生的师傅虽可称各怀绝技，但拿出来的菜单作料都一样，口味又相去何远？

其实设计很简单，设计就是感触生活，是创造一个真实物件的过程，而不仅仅是一条信息、一篇文章或一张效果图；是实实在在地联系着现实的概念，是关联着行业和人的精神。我们可以把粗制滥造归因于制造业、工程的施工等，但人们对设计的评价不是图纸，而是设计的结果，是产品。为了我们的公民不致被酸果弄得龇牙咧嘴，果树尚且要疏枝疏果，设计产品作为心血果实怎能不精耕细作？

中国设计业的发展，要摆脱跟在别人屁股后面走的现状，要形成中国的设计风格与文化，需要改变中国设计教育中普遍存在的浮躁之风，因为设计就是一门诚实的劳作，需要树立至善至美的设计理念与工作态度。罗素曾说过：“中国人不同于日本人，他们希望从我们这儿学习的不是那些带来财富或增强国力的东西，而更多的是具有伦理和社会价值的东西，或者是纯学术性的东西。”的确，中国人从一开始向西方学习时，就不像日本人那样是从实用性着手的，而是显得比较虚无或浪漫，或再说得好听一点，就是从“道”入手，而不是从“术”入手。或许，这也是为什么日本早期在向西方学习时较中国卓有成效的原因吧。

现代设计教育的发展，承传了德国包豪斯的设计教育体系，这就是强调实际动手能力和理论修养并重的现代设计教育模式。设计作为实践性很强的应用学科，有必要从学生设计与制作的方法入手，将创造想象与精通技术结合起来，创造一种良好的、全面的脑、眼、手的综合训练。为此，需要围绕教学大纲编写一套系列辅助教材，从设计目标的确定，到围绕目标制订的途径——方法的运用，以及参与制作的过程等详加介绍，以便让学生理解“设计”的完整概念。

以各门课程必须掌握的基本知识、基本技能为写作核心，同时考虑艺术设计的思维方法与动手能力的锻炼，为教师根据自己的教学经验和理论导向留有个性授课的空间，是本套教材凸显的不同之处。

本套教程皆为各专业课教师在充分研究和总结了教学中的实际情况之后，针对学生在学习过程中所遇到的最实际的问题编写而成，教学内容深入浅出、简练朴素，既有设计构思的方法与路径，又有教师对学生创造性思维的启发与实作，兼容并蓄，注重教材的适用性，以及教师如何在与学生的互动中完成教学的过程，从而为设计专业的学生提供多种设计方法、思路的借鉴与实践的有益范例。

余 强

2006年12月

前言

随着电脑的普及和科技的发展，数码技术已广泛地应用到各个行业。在服装行业中，服装设计的表达也用到了数码技术，即电脑绘制服装效果图。目前高校艺术设计专业的“时装画”课程教学，不再只是从绘画的角度来讲解时装画技法，而是将电脑设计结合数码艺术技术应用到服装画的绘制中，使服装画突破了以往传统的表现技法和表现技巧，使材质效果更为直观地运用于款式。

电脑技术的引入和发展扩大了设计空间，可以说为服装设计专业的拓展起到很好的促进作用。我们借用电脑技术，使服装设计具有更多更新的表达方式，将手绘难以达到的艺术效果在电脑上成为了可能，通过两者的结合也能还原手绘的原始状态，使服装效果图更具表现力。

本教材是一本介绍数码服装设计表达方法的专业教材，主要介绍如何利用图像处理软件 Photoshop、平面设计软件CorelDRAW、专业绘图软件Painter来绘制服装效果图，是直截了当绘制服装效果图的综合大演练。本教材内容全面、结构清晰明快，所举实例典型、讲解详细、配图精美，既讲解了这三大绘图软件的基本知识，又结合到服装效果图的具体绘制方法和步骤，并结合大量的实例图片一一演示和解说。其中包含了线描稿的绘制，颜色和面料的填充，各种印花和多种质感面料的绘制，既有对各个绘图软件的分类讲解，也有三个软件相互切换和表现方法的全过程演示。书中效果图绘制的方法多种多样，面料的表现生动逼真，集欣赏性与实用性于一体，无论对于当今高校时装画教学还是企业服装设计师出款，都是一本很有指导性的教材和实作手册。

本教材在编写中参考了相关学者的研究论著，采用了同行和学生的一些优秀作品，以及相关网站的图片和资讯。在此，谨向这些作者和给予本书支持的人士表示衷心感谢。

编著者

2006年11月

目录CONTENTS

第一章 电脑绘制服装效果图简介

“电脑绘图”即图形图像设计。

目前，电脑绘图得到迅速的发展，并被广泛地应用于各个行业，包括广告业、建筑业、影视业等。电脑绘图数字化的特点更易于我们进行创作和交流。电脑绘图应用于服装设计的效果图的绘制，成为服装设计新的创作工具和辅助工具，提高了工作效率，增强了设计作品的表现力。

第一节 电脑绘制服装效果图的特点

一、丰富的表现工具和手法

1. 丰富表现力的画笔工具

电脑绘图软件如Painter，为我们提供了模拟各种传统绘画笔触形式的工具，如毛笔、铅笔、喷枪、麦克笔、油画笔、水彩笔、木炭笔等，其表现力极强，并可根据不同的需要进行参数设置来调节画笔的粗细、肌理、浓淡等。通过鼠标或电子画笔的涂抹可以再现手绘的艺术效果和更新的表现手法。

2. 多种多样的材质表现

绘图软件还为我们提供了许多具有肌理效果的材料和图形图像资料，用于表现图像的表面特性。它可以对颜色、纹理等特性参数进行设置，形成更多样的肌理效果，逼真再现所描绘物体的质感和细节。

3. 千变万化的色彩表现

电脑模拟的色彩多达几千万种，并可以任意调配选用。电脑绘图软件为我们提供了RGB、CMYK、LAB等多种色彩模式。其中，CMYK模式是一种印刷模式，RGB是最常用的一种色彩模式。处理图像时，多在RGB模式下操作，最后进行CMYK颜色模式的转换。在进行颜色的选择时，既可以直接点击所需的颜色色块，也可通过参数来精确设定颜色。例如当选择CMYK色彩模式时，界面上相应出现C(青)、M(洋红)、Y(黄)、K（黑）四个数据栏；当选择RGB色彩模式时，界面上则出现R(红)、G(绿)、B(蓝)三个数据栏，我们可以输入各项的数值来准确设置颜色。

二、强大的塑造能力

电脑绘图为我们提供了简单灵活的绘图方式，使绘画的技巧变得轻而易举。比如，我们可以相当方便地在电脑上进行材料的拼贴、剪辑和合成；也可以随心所欲地创造出多种难以想象的特殊效果，大大拓展了绘画的表现空间。

三、方便、高效、快捷的绘图过程

运用电脑绘图最大的好处就是操作方便、高效快捷，并可以对图像进行色彩的调整，如色相、饱和度、明度等；还可以对图形进行翻转、扭曲、变形等；也可以在电脑上对画面进行多种效果的处理，并且可以分别保存每次处理的图像。

四、安全的储存功能

电脑采用数字化储存图像信息，准确可靠并且可随时调用。这样有利于我们对图片资料的收集整理，既节省了空间又易于查找。

五、多种信息的传送方式

电脑可以与多种输入输出设备相连，实现信息的多种传递形式。如扫描仪输入，数码相机采集，由喷墨或激光打印机输出等。现今，越来越多的电子设备都可以随时与电脑传递信息，如手机、MP3等。

第二节 电脑绘制服装效果图的硬件要求

一、输入设备、存储设备和输出设备

1. 输入设备

输入设备是指将文字或图形资料输入电脑的设备。常用的主要有以下几种输入设备：

（1）扫描仪。扫描仪的种类很多，不同的类型有不同的工作原理。按光源照明方式可分为扫描照片、文字的反射式扫描仪和扫描胶片的透射式扫描仪。扫描仪还可分为手持式、平板式和滚筒式几种。我们平时用的平板式扫描仪主要扫描反射稿件。

（2）数码相机。数码相机是现在普遍使用的一种电子设备，轻巧性和便利性使其方便携带和使用。它采用数字化格式录制运动或者静止的图像，将图像存储在闪存卡或者硬盘中，同样可以通过USB接口或者其他移动存储媒介传送到电脑上。

（3）WACOM数字画板。WACOM数字画板为我们提供了新的创作工具和创作条件，这是电脑绘图和手绘图的完美结合。可以使用压感笔在数字画板上直接作画，就像手持画笔在纸上作画一样自如。压感笔的使用可以准确记录画笔绘制的位置，同时也可以表现出用笔的轻重。

2. 储存设备

存储设备是指能将电脑所处理的资料存储起来并可以随时读取的设备。存储设备通常有下列几种：优盘、移动硬盘、刻录盘等。其中，优盘、移动硬盘体积小巧，携带方便，容量从128 MB到80 G，适合于不同消费者的需要；刻录盘中的CDR刻录盘储存容量为650 MB，DVD刻录盘储存容量为4.4 G，其优点是可以长期保存、携带方便。

3. 输出设备

输出即利用打印机把电脑中绘制和处理的图像打印为图片的形式。打印机是最普遍使用的输出装置，它大致上可区分为下列两种类型：

（1）喷墨打印机。喷墨打印机是目前最普及的打印机，其工作原理是将彩色或黑色墨水从喷头喷射到纸张表面上。一般我们可以设置720 dpi和1 440 dpi的打印质量。

（2）激光打印机。激光打印机是利用激光光线，将文字或图形资料从电脑拷贝到感光滚筒上，并将滚筒上的碳粉转印到纸张上，然后加热加压使其固定。

二、电脑配置的要求

一般来说，电脑绘图制作的硬件系统是普通台式电脑，它由主机、显示器、键盘、鼠标组成。主机又包括有中央处理器（CPU）、主板、存储设备、硬盘、内存及显卡等。电脑还有很多外部连接设备，如扫描仪、数码相机、打印机等。

由于绘图软件对计算机内存及硬盘空间的需求较大，在这里我们提供一个基本的电脑配置（表1），以供参考：

硬件方面	CPU	INTELPENTIUM4（双CPU）
	硬盘	60G
	内存	512MBDDR
	主板	带USB接口
	显卡	64MB或128MB
	光驱	52XCD
	鼠标	光电或者WACOM数字画板、压感笔
	显示器	17英寸或19英寸
系统方面		Windows XP或Windows 2000

第三节　电脑绘制服装效果图的常用设计软件介绍

服装工业中的行业设计软件，如力克、富仪等都偏重于服装生产的排版、放码上，而对于绘制服装画、服装效果图来说，我们常用到的软件有：图像软件Photoshop；矢量软件Adobe Illustrator、CorelDRAW、FreeHand；绘图软件Painter。本书重点介绍如何使用以下三个软件进行服装效果图的绘制。

一、图像处理软件Photoshop

Photoshop是目前较常用的图像编辑软件。它通过图层、通道、路径、命令菜单及多种工具等对图像进行编辑，对图像的颜色、形象进行调整，同时还可以对图像添加特殊效果等。

二、平面设计软件CorelDRAW

CorelDRAW是一个基于矢量的图形编辑软件。运用CorelDRAW软件，我们可以轻松地绘制各种标志、图案及插图。另外，CorelDRAW还具备强大的文字处理和排版功能。

三、专业绘图软件Painter

Painter是一个强大的绘图软件，它完全模拟了现实中作画的绘图工具和纸张的效果，无论是水墨画、油画、水彩画，还是铅笔画都能轻松绘出。此外，它又提供了电脑作画的特有工具，为我们的创作提供了极大的自由空间，使我们在电脑上作画就如同纸上一样简单。

总之，每个设计软件都有其特点，我们要在学习的过程中分别掌握各软件的基本使用方法，体会其各自在绘图上的特点和优点，并运用这些方便快捷的数码手法来充分表达服装的设计，绘制服装效果图。

小结

通过本章的学习，我们应对电脑绘图有了基本的认识，清楚电脑绘图对电脑的基本配置要求，了解常用的RGB和CMYK两种色彩模式，明确数码服装设计表达的特点和优势。通过分别对Photoshop、CorelDRAW、Painter三种常用软件强大功能的介绍，我们应初步了解这三种绘图软件的特点和各自不同的绘图效果，充分发挥各自的优势来进行服装效果图的绘制。同时，也需要我们能综合应用各种软件来辅助服装的设计表达，以实现理想的设计创作。

第二章 图像处理软件Photoshop

现今，Photoshop软件被广泛运用，成为处理图像的常规软件。这里，我们以Photoshop CS版本为例，着重讲解运用此软件进行服装效果图的绘制。首先我们来简单认识一下Photoshop CS的操作界面。

第一节 Photoshop CS操作界面的组成

我们可以看到，Photoshop CS的界面如图2-1所示，分为6大部分：

A. 菜单栏：菜单栏中包含执行任务的多个菜单。这些菜单按不同的功能主题分成文件、编辑、图像等9个类别。例如，图像菜单中包含的是用于处理图像色彩、大小等的命令。（图2-2）

图2-1

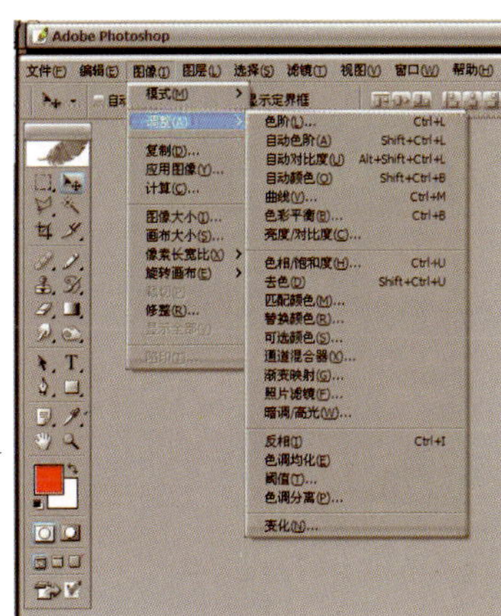

图2-2

B. 选项栏：选项栏显示所选工具的各种选项，并且可以根据需要设置选项的数值。（图2-3）

图2-3

C. 工具箱：工具箱中包含各种创建和编辑图像的工具。

D. 图像窗口：图像窗口显示的是当前正在制作的图像。

E. 浮动面板：Photoshop中提供了图层、历史记录、颜色等6大浮动面板。

F. 状态栏：状态栏显示当前正在制作的图像的状态，包括图像的比例、大小等信息。

第二节 Photoshop工具箱工具介绍

Photoshop的界面左边的工具箱里提供了文字、选择、绘画、绘制、取样、编辑、移动、注释、查看图像和更改前景色/背景色等工具（图2-4）。这里我们不做一一详解，仅对一些与画服装效果图相关的工具进行简单介绍，具体操作方法见本章第五节服装效果图的绘制实例步骤演示。

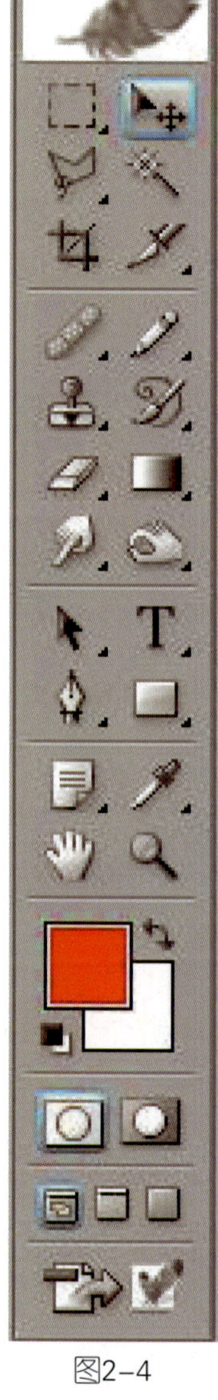

图2-4

一、选区工具介绍

Photoshop的工具箱中为我们提供了三种选区工具："选框工具"、"套索工具"和"魔棒工具"。

1. 选框工具（图2-5）

（1）"矩形选框"。用来建立矩形选区。

（2）"椭圆选框"。用来建立椭圆选区。

（3）"单行选框"或"单列选框"。用来将边框定义为1个像素宽的行或列。

2. 套索工具（图2-6）

（1）"套索工具"。它可以通过鼠标画出随意的选区。拖移鼠标以绘制手绘的选区边框，如果按住Alt键并用鼠标点按线段的起点和终点可以绘制出直边线段边框，拖动鼠标又可切换成手绘形式，松开鼠标关闭选框。

（2）"多边形套索工具"。它可以通过鼠标的连续点击画出一个多边形选区。鼠标点按起点和终点绘制直线段。要绘制手绘线段，按住 Alt键并拖移鼠标即可。

（3）"磁性套索工具"。特别适用于选取与背景对比强烈且边缘复杂的对象。在要选取的对象边缘，拖移或点按鼠标，选区边框会贴紧图像中要定义区域的边缘。

3. 魔棒工具（图2-7）

"魔棒工具"使在选择颜色相似或相近的区域时，不必跟踪其轮廓，只需要指定魔棒工具选区的色彩范围和容差。所谓"容差"，就是指在选项栏中容差栏里输入 0 ~255 之间的像素值。输入较小的值可选择与所点按的像素非常相似的颜色区域，而输入较高的值可选择更宽的色彩范围。

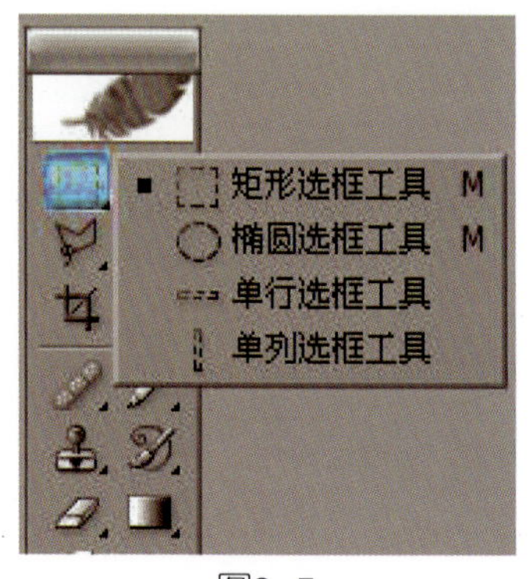

图2-5

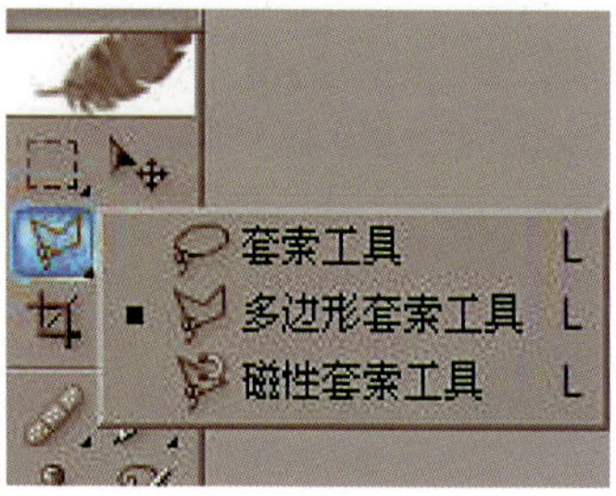

图2-6

图2-7

4. 选区工具的选项栏（图2-8）

（1）在选项栏中，第二栏的工具分别为“添加新选区”、“向现有选区中添加”、“从选区中减去”、“选择与其他选区交叉的区域”。

（2）在选项栏中，可以通过“消除锯齿”和“羽化”来平滑硬边缘。

“消除锯齿”：通过软化边缘像素与背景像素之间的颜色转换，使选区的锯齿状边缘平滑。由于只更改边缘像素，因此无细节丢失。消除锯齿在剪切、拷贝和粘贴选区以创建复合图像时非常有用。

“羽化”：通过建立选区和选区周围像素之间的转换边界来模糊边缘。该模糊边缘将丢失选区边缘的一些细节。输入数值定义羽化边缘的宽度，范围从0～250像素。

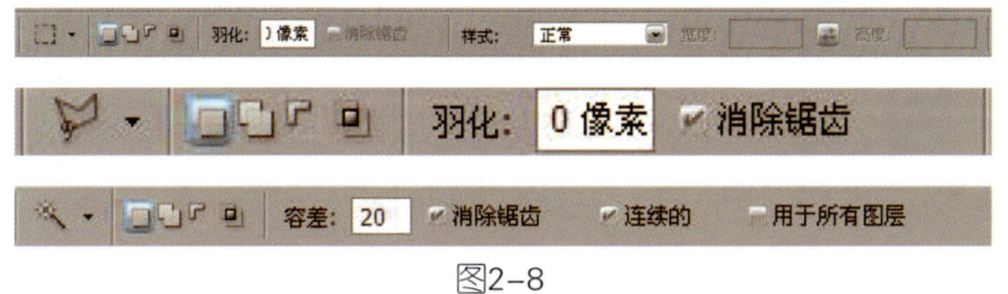

图2-8

二、绘图工具介绍

在Photoshop中绘图有两种形式，一种是采用钢笔工具以路径形式完成的绘制；另一种是采用画笔工具直接绘制，就像在纸上手绘图一样。

1. 钢笔工具

在学习钢笔工具绘图前，我们要先学习路径。路径由一个或多个直线段或曲线段组成，锚点标记是路径段的端点。在曲线段上，每个选中的锚点都会显示一条或两条方向线，方向线以方向点结束。方向线和方向点的位置决定曲线段的大小和形状。移动这些点将改变路径中曲线的形状。（图2-9）

（1）“钢笔工具”。使用钢笔工具可以创建或编辑直线、曲线或自由线条及各种形状，它对线条和形状的控制力强，确保了绘图的准确度。（图2-10）

1）钢笔工具绘制直线段：方法是通过点按鼠标来创建锚点。将钢笔指针定位在直线段的起点并点按，以定义第一个锚点，在直线段的终点再次点按，这样就绘制出一条直线路径。如果按住Shift键点按鼠标，则将该次点按段的角度限制为45度角的倍数。

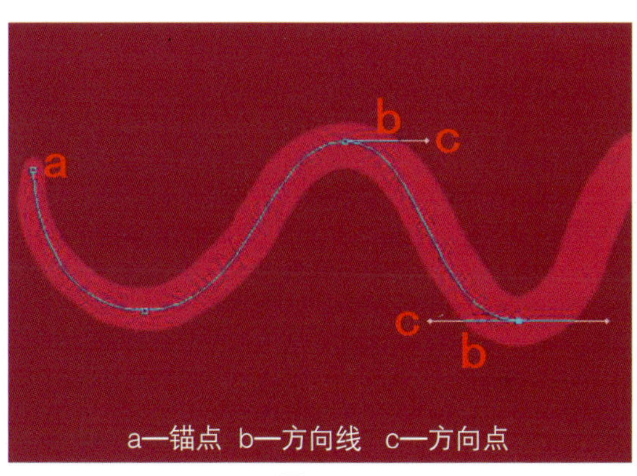

图2-9

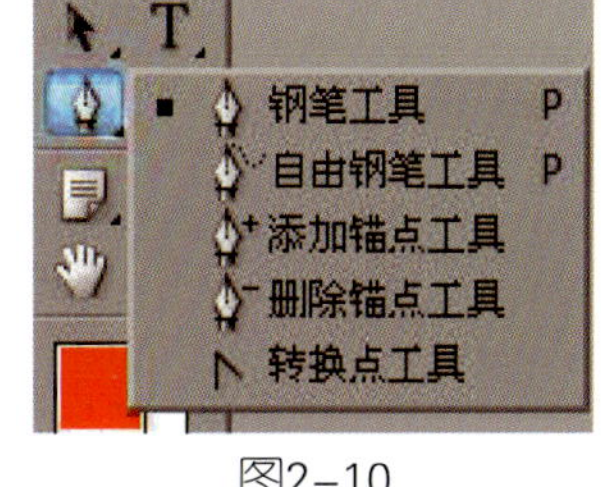

图2-10

2）钢笔工具绘制曲线：将指针定位在曲线的起点，并按住鼠标按钮，出现第一个锚点，同时指针变为箭头，向绘制曲线段的方向拖移指针。在此过程中，指针将引导其中一个方向点的移动。方向线的长度和斜率决定了曲线段的形状。方向线的一端或两端可以调整。（图2–11）

要绘制平滑曲线的下一段，请将指针定位在下一段的终点，并向曲线外拖移。如果要急剧改变曲线的方向，请释放鼠标，然后按住 Alt 键沿曲线方向拖移方向点。松开 Alt 键以及鼠标按钮，将指针重新定位在曲线段的终点，并向相反方向拖移以完成曲线段。如果要间断锚点的方向线，请按住 Alt 键拖移方向线。（图2–12）

（2）“自由钢笔工具”。自由钢笔工具可用于随意绘图，就像在纸上绘图一样。在绘图时，将自动添加锚点，完成路径后可进一步对其进行调整。

要控制最终路径对鼠标移动的灵敏度，点按选项栏中的反向箭头，为“曲线拟合”输入介于0.5～10.0 像素之间的值。此值越高，创建的路径锚点越少，路径越简单。

将钢笔指针定位在已画路径的一个端点，便可继续绘制此路径（图2–13）。释放鼠标，即可完成路径。如要创建闭合路径，将钢笔指针拖到路径的初始点（这时指针旁会出现一个圆圈）。

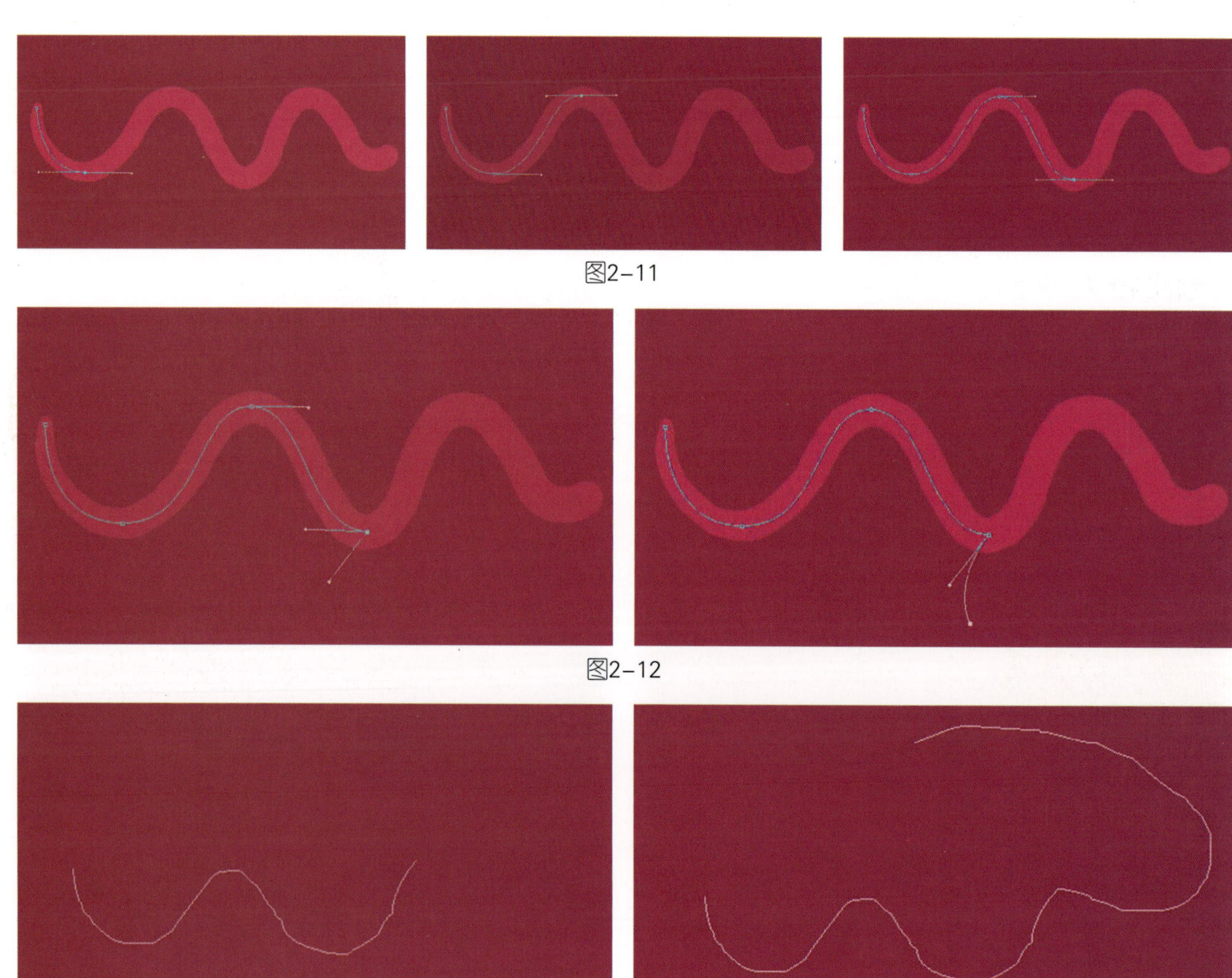

图2–11

图2–12

图2–13

2. 画笔工具

“画笔工具”和“铅笔工具”可以在图像上绘制当前的前景色。这些工具能产生不同的效果：“画笔工具”创建颜色的柔描边；“铅笔工具”创建硬边手画线。并且，“画笔”面板可用于选择预设画笔和设计自定画笔（图2-14）。关于这两种画笔工具的具体操作和设置，我们将在本章第五节绘图演示中详细讲解。

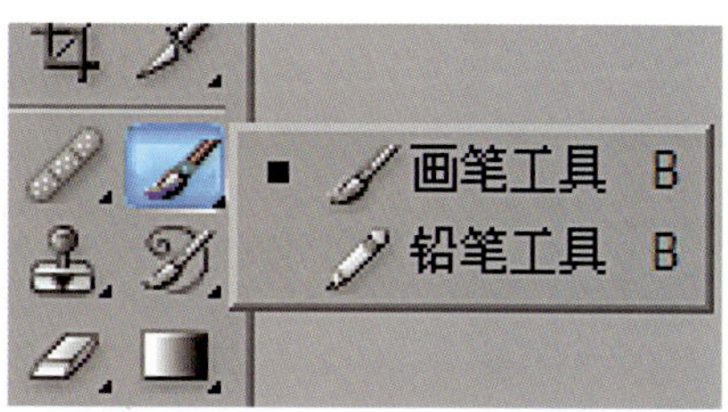

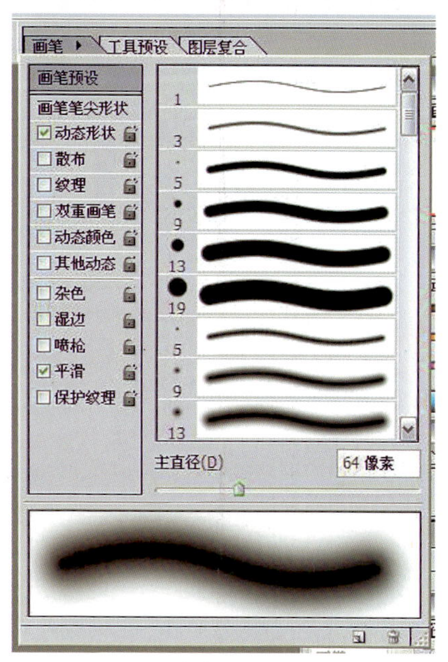

图2-14

三、图像变形工具介绍

对于图像的变形，我们主要用到“裁切”和“变换”命令。

1. 裁切图像

选用“裁切工具”，在图像中要保留的部分上拖移，以便创建一个选框。（图2-15）

我们通过以下方法调整裁切选框：（图2-16）

如果要将选框移动到其他位置，请将指针放在定界框内并拖移；

如果要缩放选框，请拖移定界框四角的小方块手柄；

如果要按比例缩放，请在拖移角手柄时按住Shift键；

如果要旋转选框，请将指针放在定界框外，指针变为弯曲的箭头，并朝需要的角度拖移；

如果要移动选框旋转时所围绕的中心点，请拖移位于定界框中心的圆。

图2-15

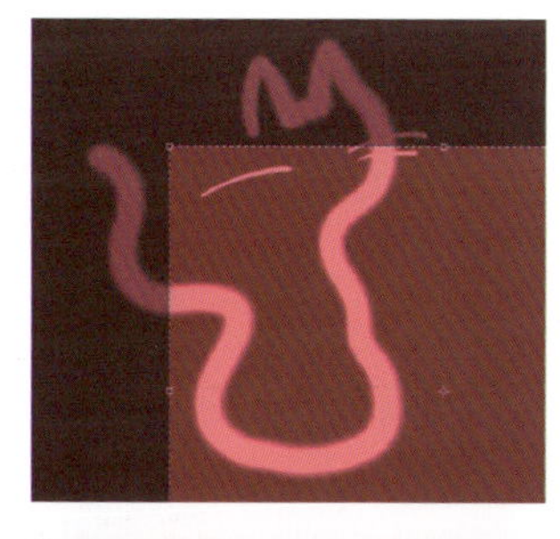

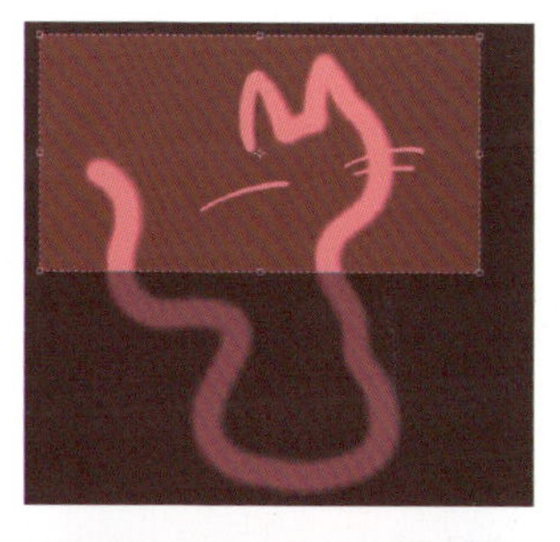

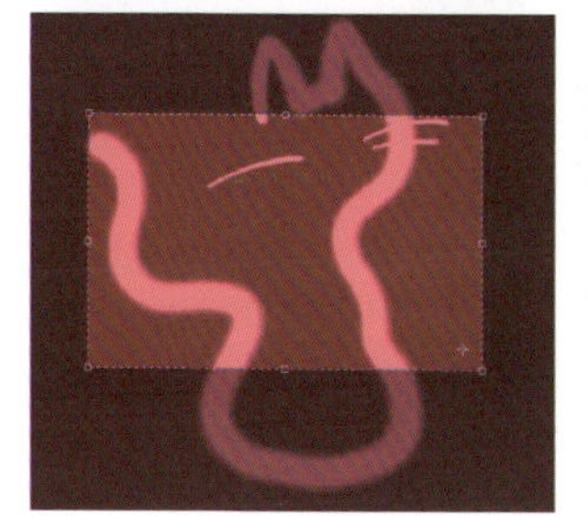

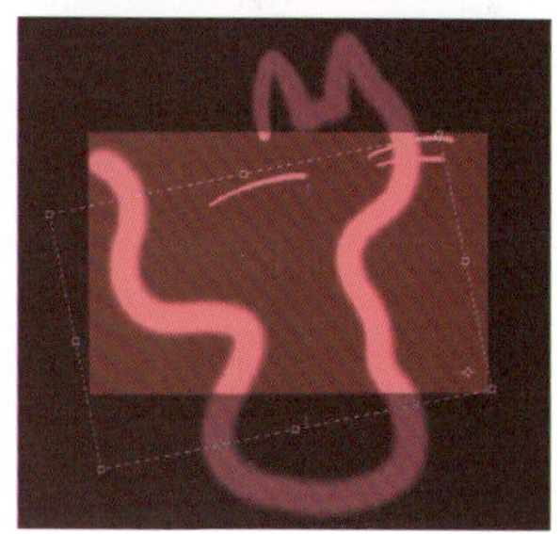

图2-16

2. 变换对象

编辑菜单中的变换图像命令，可以应用于整个图层、图层的选中部分、蒙版、路径和通道。此功能常用于服装效果图中人物造型的变化和调整。下面还是以上图为例来学习如何变换图像。（图2–17）

（1）激活要变换的图层；

（2）执行“应用变换”命令，根据变换的需要选择子菜单的命令项目。

“缩放”项目：拖移选框的左右边水平缩放、上下边垂直缩放，拖移选框四个角的小方块同时沿这两个方向缩放。

“旋转”项目：鼠标放在选框外，指针变为弯曲箭头，拖移便围绕中心点旋转。

“斜切”项目：拖移选框左右边垂直，拖移选框上下边水平倾斜。

“扭曲”项目：拖移选框角上的小方块，可用于向所有方向伸展。

“透视”项目：拖移选框角上的小方块，可用于将单点透视。

当然，也可以直接运用快捷键Ctrl+T进入“自由变换”状态，如图2–18所示，出现“自由变换”框，再点按框上的方块，便可进行自由变换。

在“变换”状态下，单击右键，即可出现上述变换子菜单的命令项目，如图2–19所示，可以根据需要选择变换项目，这样操作更方便快捷。

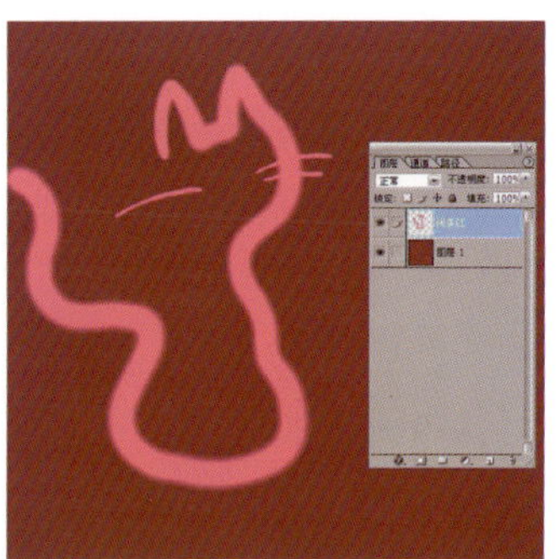

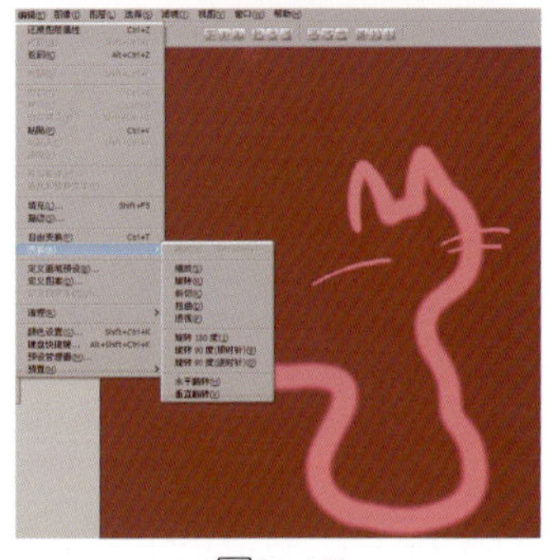

图2–17

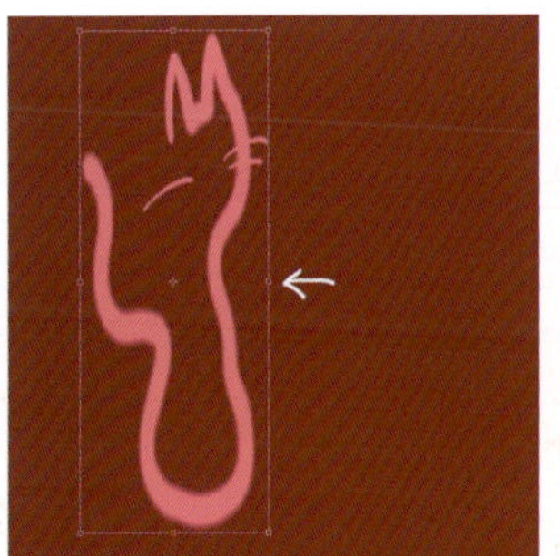

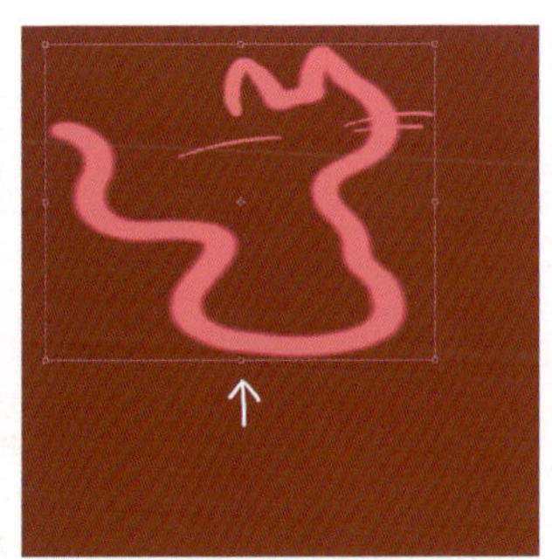

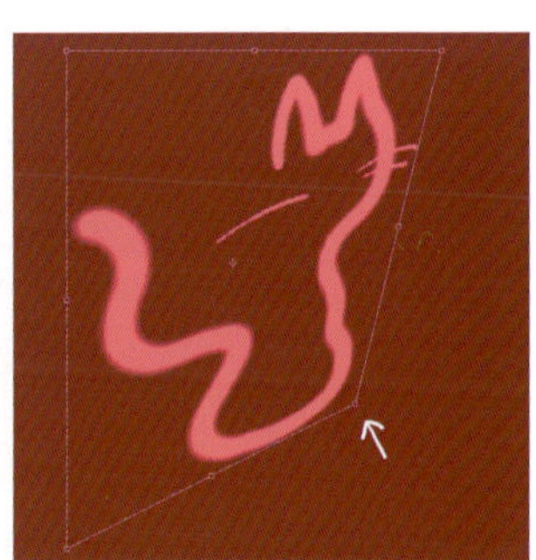

图2–18

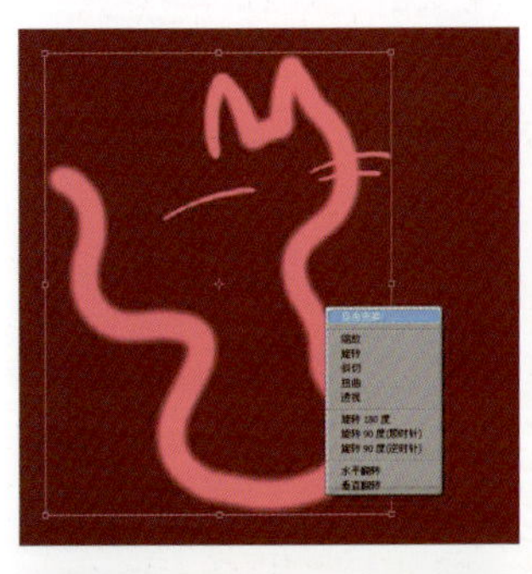

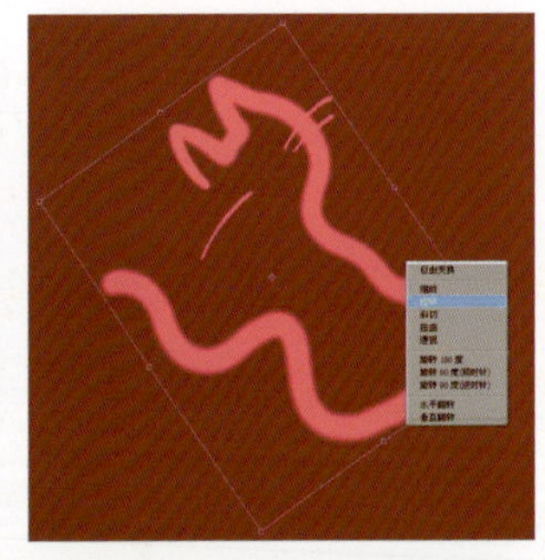

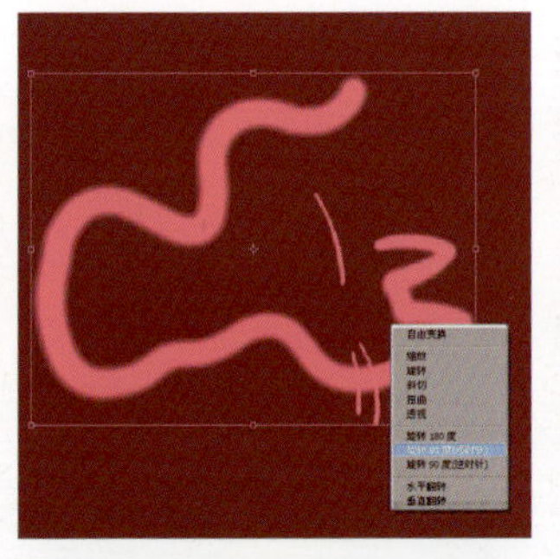

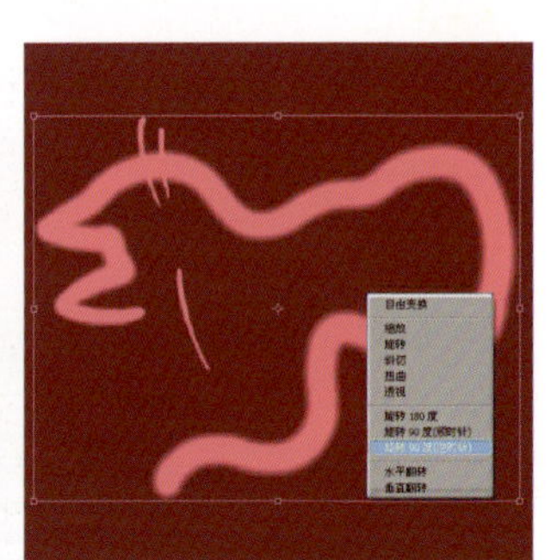

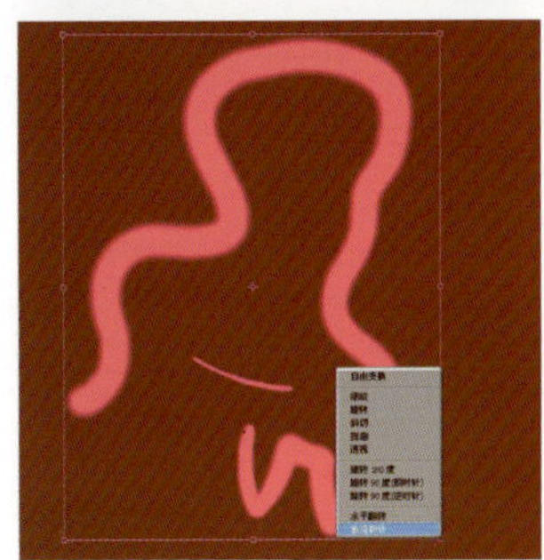

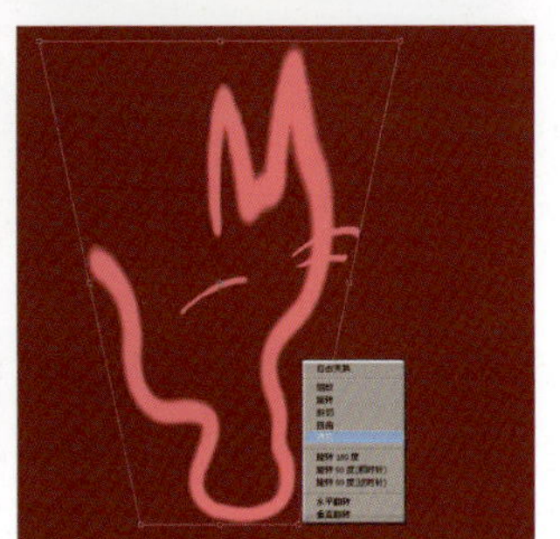

图2–19

第三节 Photoshop中的图层、通道

图层、通道、路径是Photoshop中我们要掌握的三大概念，因为它们为绘图、选取、着色提供了方便。关于路径我们在学习钢笔工具时已有所了解，这里再简单了解一下关于图层、通道的一些基本知识，其具体的操作在本章第五节效果图绘制中我们将结合绘图过程作详细讲解。

一、关于图层

使用图层可以在不影响其他图层图像的情况下处理某一图层的图像。简单地说，可以将图层想象成是一张张叠起来的透明纸，如果图层上没有图像，就可以一直看到底下的图层内容。在图像处理中，主要应用到图层的顺序和样式。

1. 图层顺序

我们通过更改图层的顺序和属性，改变图像的合成效果。如图2–20所示的是黄色色块所在的“图层2”，在最上面一层的效果；而图2–21所示的是黄色色块所在的“图层2”，在第二层的效果。

2. 图层样式

“图层样式”中的功能可用于创建复杂效果。在图层面板上右键单击所要调整运用的图层，打开“混合选项”对话框。如在“阴影”处方框内打勾，即执行“阴影效果”，其他依此类推。（图2–22）

图2–20

图2–21

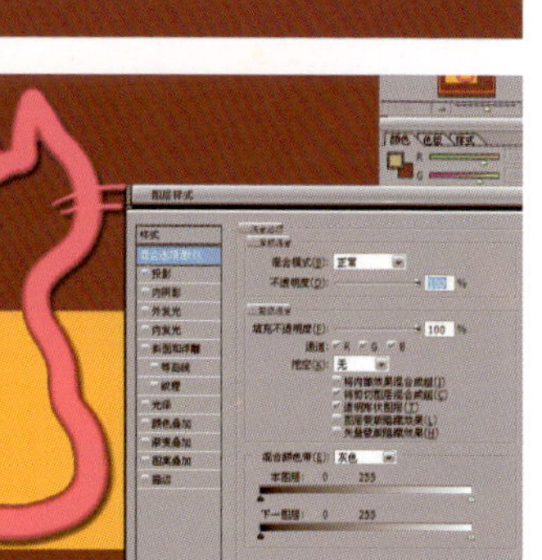

图2–22

其中，“纹理”一栏是我们画服装效果图时很有用的一项，可以方便我们为服装填充面料图案和肌理效果，可多练习和琢磨此项。此外，在“样式”选项里，Photoshop已为我们提供了一些样式，可以选择和应用，还可以自己添加样式，为服装效果图的绘制提供更多的素材效果。（图2–23）

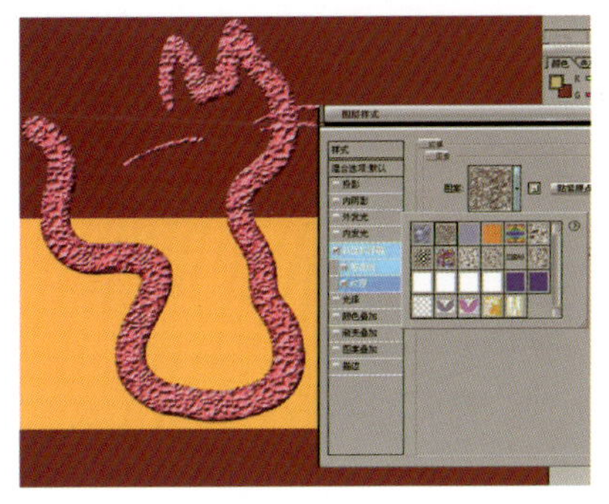

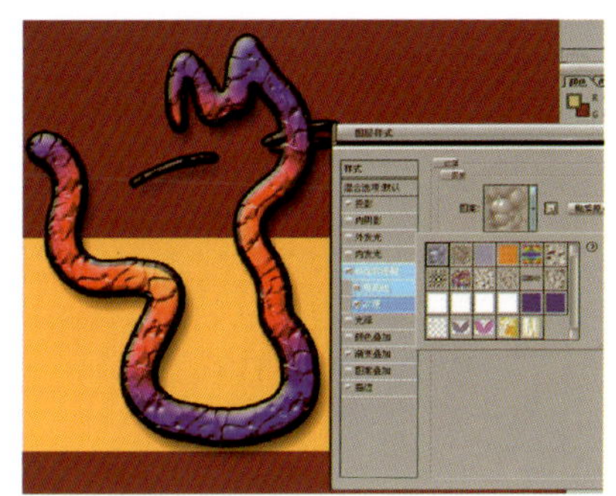

图2-23

二、关于通道

1. 色彩通道

通道存储不同类型信息的灰度图像。当打开新图像时，通道面板中会自动创建颜色信息通道。图像的颜色模式确定所创建的颜色通道的数目。

RGB颜色模式是一种屏幕显示模式。其产生颜色的方法是色光加色法。它的图像有4个默认通道：红色通道、绿色通道、蓝色通道以及用于编辑图像的复合通道（图2-24）。将红（R）、绿（G）、蓝（B）3种色按照从0（黑色）到255（白色）的强度值在色阶中分配来指定颜色。例如，当这3个分量的值相等时，结果是中性灰色，当这些值都为0时，结果是纯黑色。

CMYK颜色模式是一种印刷模式。其中四个字母分别代表青（C）、洋红（M）、黄（Y）、黑（K），在印刷中代表四种颜色的油墨。与RGB不同的是其产生颜色的方法是色光减色法。

2. Alpha 通道

除了图像自动创建的几个颜色通道外，我们可以创建Alpha 通道，用于将选区存储为灰度图像，这样能方便我们对图像进行选取、填充和修改等。

例如：我们要再次修改调整图2-24中上衣颜色，而不改变其他部分，就需要选取上衣部分。为了避免再次勾选的麻烦，可以在第一次勾选上衣选区时将其储存在通道中。如图2-25所示，在选取状态下，点按通道面板下方的“将选区储存为通道”，这时我们可以看到在生成的Alpha1通道中白色的图形部分即显示了上衣的选区部分。

图2-24

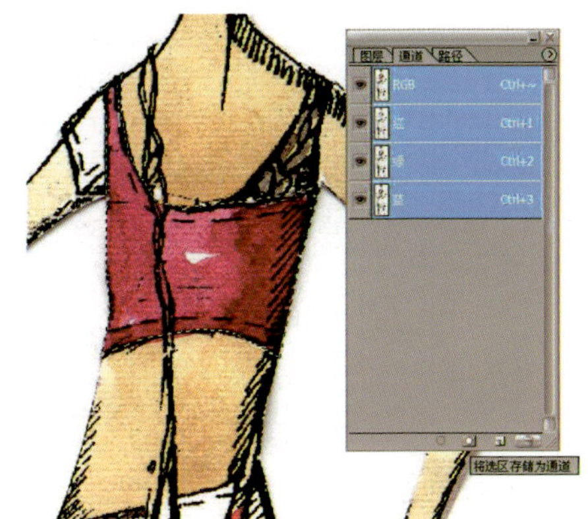

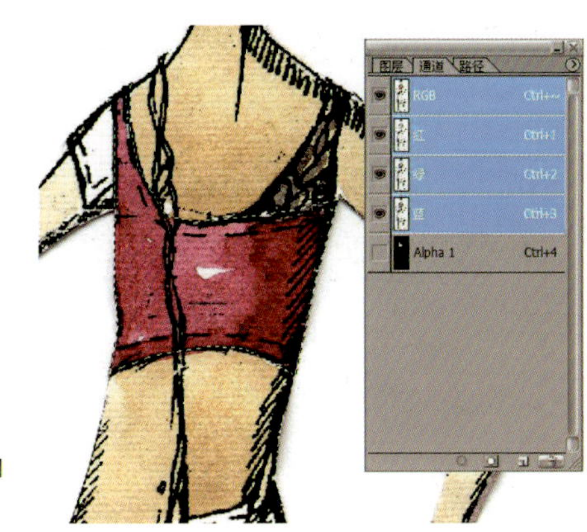

图2-25

若想要再次修改上衣的时候，只要点开“通道”面板，选中Alpha1通道，即可看到画面自动出现上次勾选好的上衣的选区，其他不被选取的区域被黑色蒙盖，执行“选择→载入选区”，再点回到正常模式下的RGB通道，执行“图像→调整→色相/饱和度”命令，分别拉动“色相”、“饱和度”、“明度”滑块，调整到我们想要的颜色即可。（图2-26）

调整好之后，按Ctrl+D键去掉选取框，便可看到调整后的图像。（图2-27）

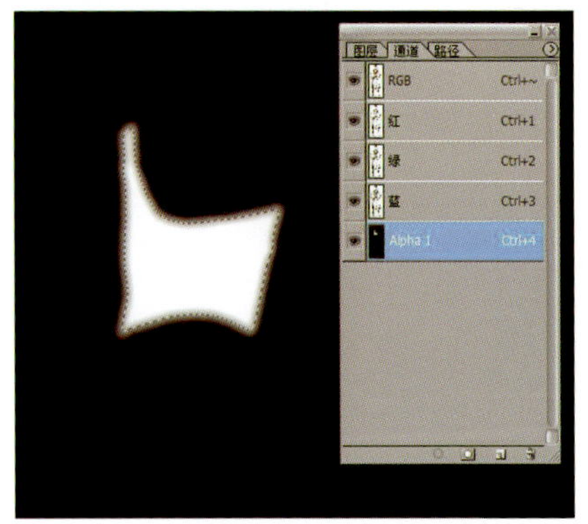

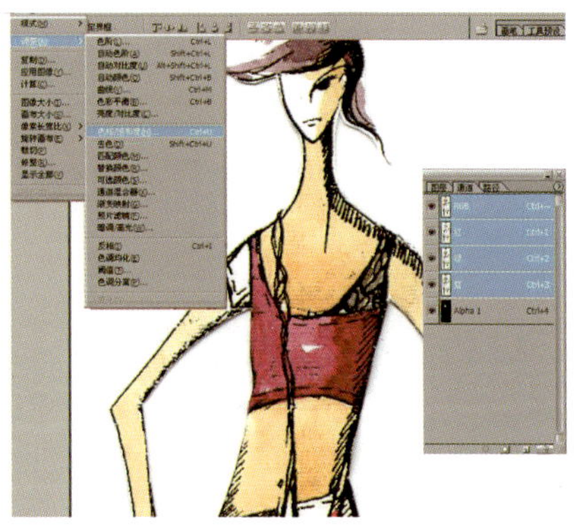
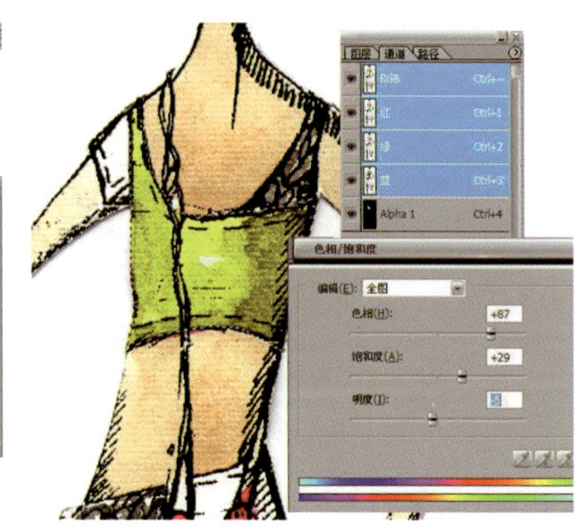

图2-26

图2-27

第四节 服装面料的绘制

在这一节里，我们将学习在Photoshop中如何绘制面料，其中主要介绍一些常用的梭织、针织以及皮革面料图的绘制。

一、迷彩面料的绘制

迷彩面料的具体绘制步骤如下：

（1）新建一个高宽分别为15厘米，分辨率为72像素/厘米的RGB模式的图像文件。（图2-28-1）

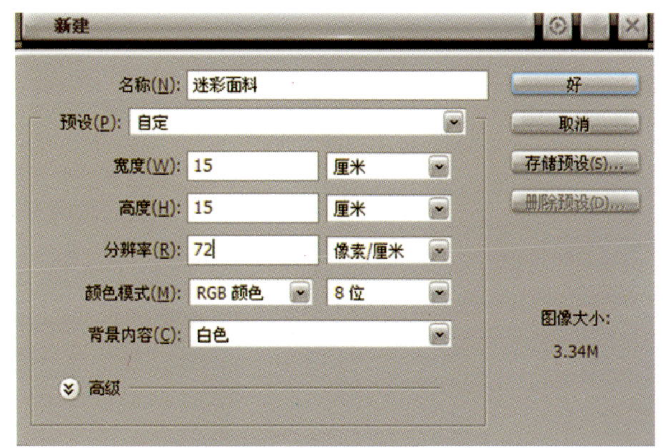

图2-28-1

（2）设置填充色为深绿色。执行“滤镜→杂色→加入杂色”命令，设置“数量”为40%，选择“高斯分布”，勾选“单色”。（图2-28-2）

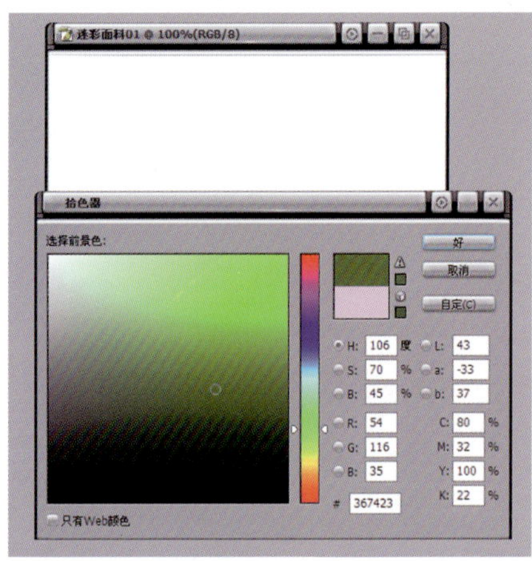

图2-28-2

（3）执行“滤镜→像素化→晶格”命令，设置“单元格大小”为40。（图2-28-3）

（4）执行“滤镜→杂色→中间值”命令，设置“半径”为7像素。（图2-28-4）

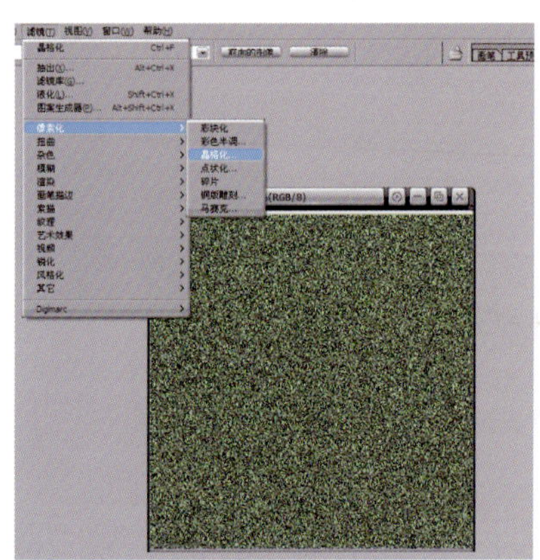

图2-28-3

图2-28-4

（5）执行“图像→调整→色相/饱和度”命令，分别调整“色相”、“饱和度”、“明度”的数值，不同的数值设置，我们可以得到不同色彩搭配的面料。（图2-28-5）

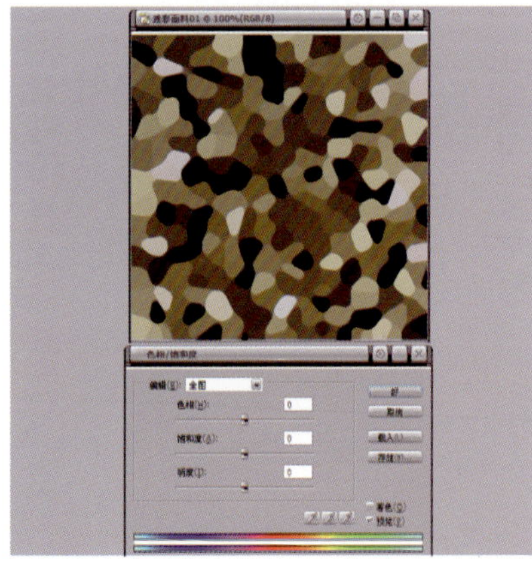

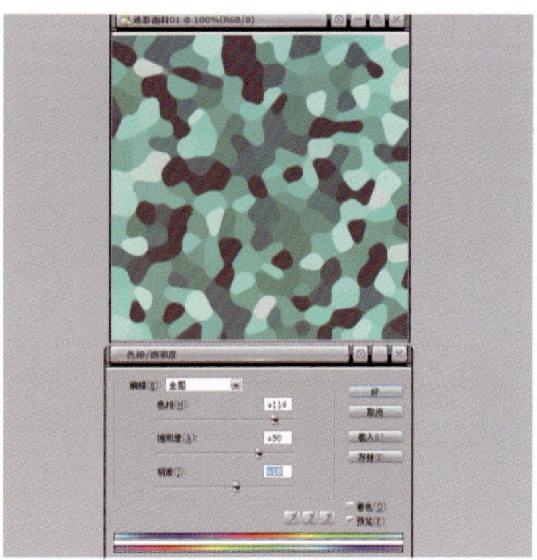

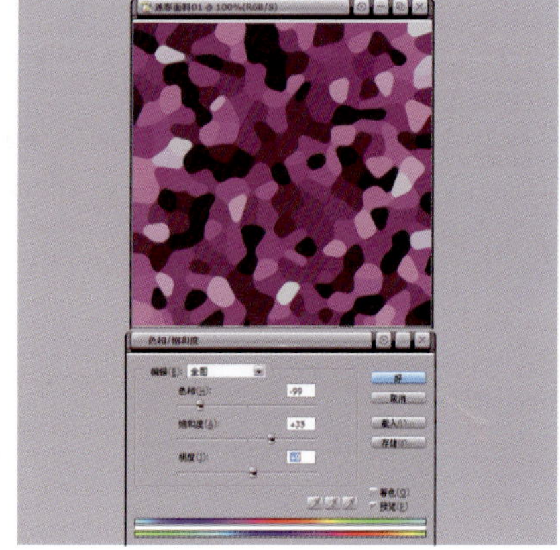

图2-28-5

二、粗呢面料的绘制

粗呢面料的具体绘制步骤如下：

（1）新建一个高宽分别为15厘米，分辨率为72像素/厘米的RGB模式的图像文件。

（2）填充为黑色。执行“滤镜→素描→粉笔和碳笔”命令（图2-29-1）。分别设置“粉笔区”、“碳笔区”、“描边压力”的数值，同时从左边的预览框中可以看到调整的效果，这里将“粉笔区”、“碳笔区”分别设置为10，“描边压力”设置为0。（图2-29-2）

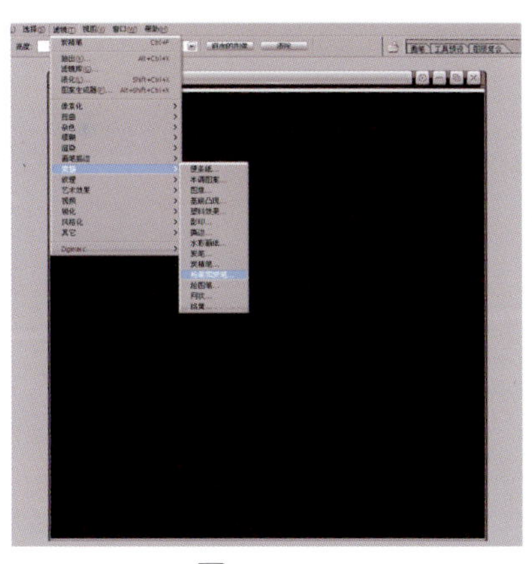

图2-29-1

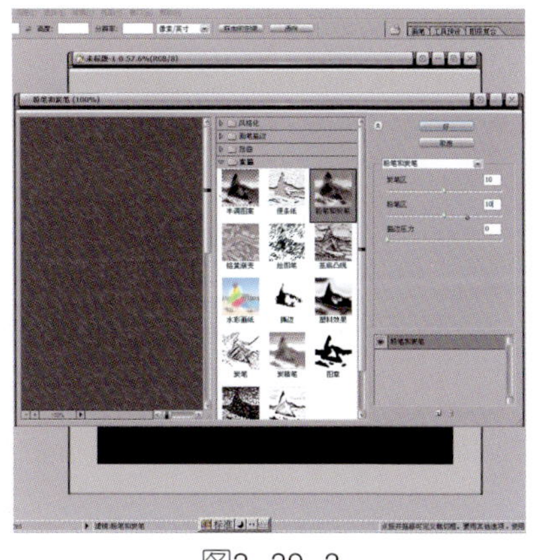

图2-29-2

（3）执行“滤镜→风格化→浮雕效果”，设置角度为180度，高度为10像素，数量为120%。这些数值的变化可以形成不同肌理的面料外观。（图2-29-3）

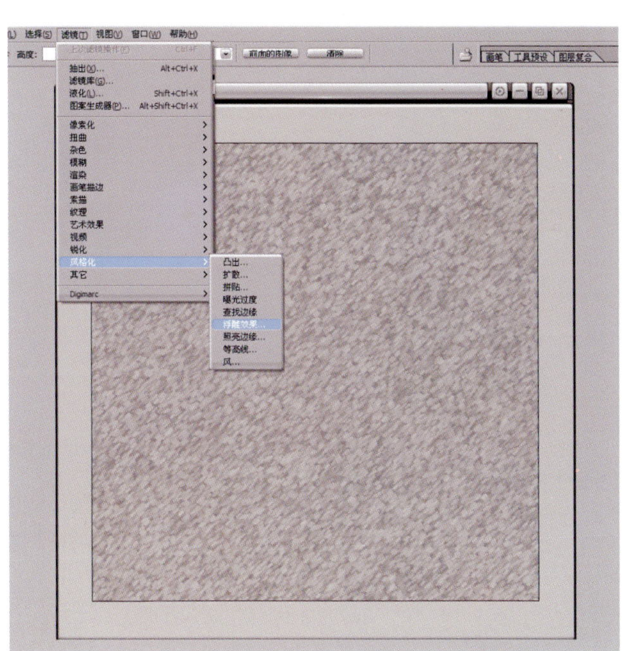

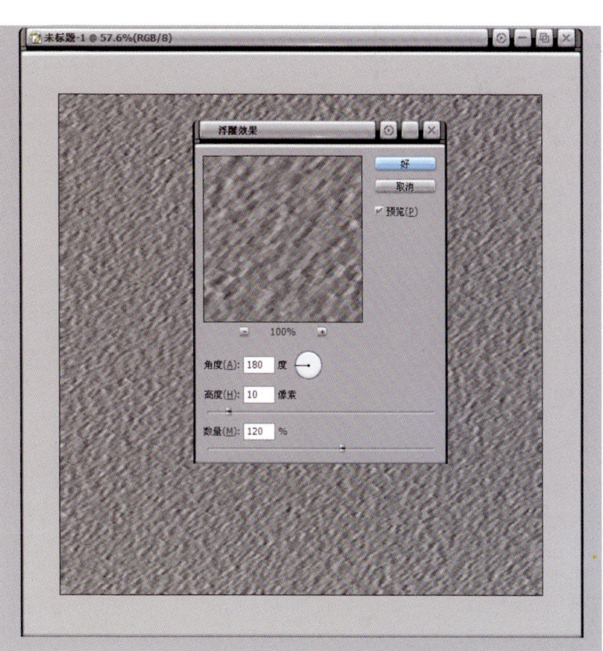

图2-29-3

（4）执行“图像→调整→变化”命令，可以选择面料的暗调、中间色、高光，设置图像的精细和粗糙程度，面板上可以很直观地看到加入任何一种颜色后的效果，点按每一个色块色彩叠加而产生变化，调整后在“当前挑选”中得到想要的颜色即可点击“好”执行变化。最终，我们得到一块紫红色的粗呢面料。可以根据自己的需要继续进行色彩变换，还可以执行“图像→调整→亮度/对比度”和“图像→调整→色相/饱和度”命令来调整颜色。（图2-29-4）

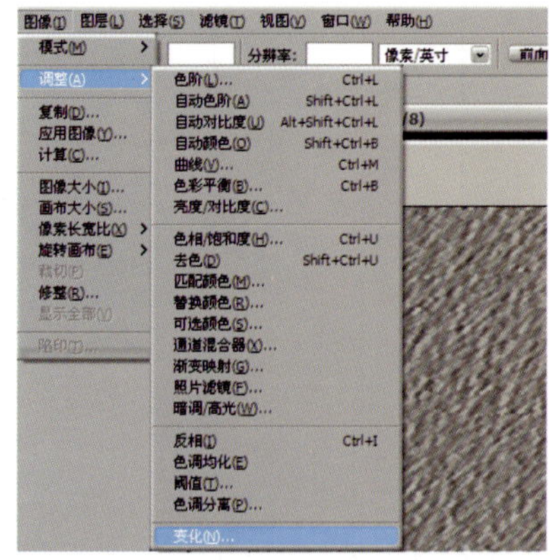
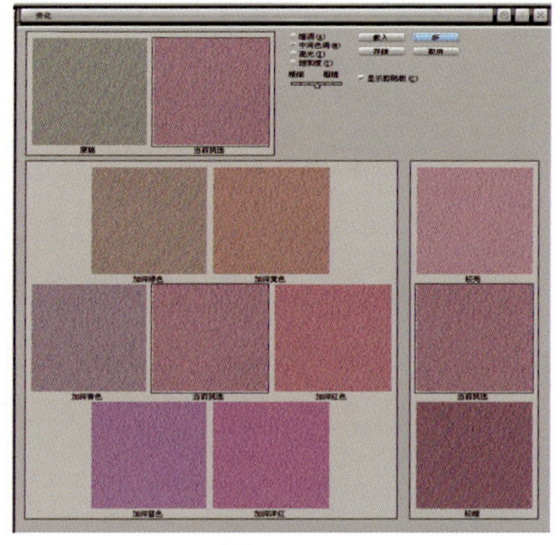
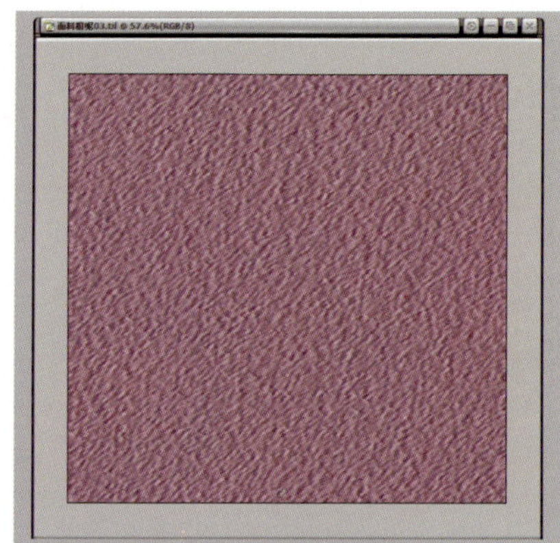

图2-29-4

三、色织面料的绘制

1. 色织布纹路的绘制

色织布纹路面料的具体绘制步骤如下：

（1）新建一个高宽分别为15厘米，分辨率为72像素/厘米的RGB模式的图像文件。

（2）将其填充为所需要的颜色，这里我们填充为玫红色（图2-30-1）。执行“滤镜→杂色→加入杂色”命令，在弹出的对话框中设置如图“数量”为200%，选择“高斯分布”，勾选“单色”。（图2-30-2）

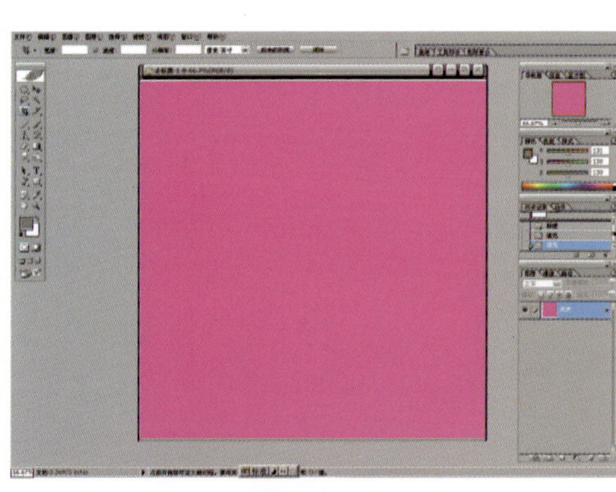

图2-30-1

图2-30-2

（3）执行“滤镜→其他→位移”命令，在弹出的对话框中设置如图“水平”0像素右移，“垂直”1 100像素下移，勾选“重复边缘像素”，设置完成后点“好”按钮。（图2-30-3）

（4）在图层面板上选中背景图层，点右键选取“复制图层”命令，如图复制一个“背景副本”，在“背景副本”图层上，执行“编辑→变换→旋转90度”命令。（图2-30-4）

（5）在图层面板上选中复制的图层（背景副本），然后调节上方的图层“不透明度”，拉动滑块到43%～50%均可，直至背景层的竖条纹可见，与背景副本图层上的横条纹交叉。这样便得到一块紫红色的色织面料了。（图2-30-5）

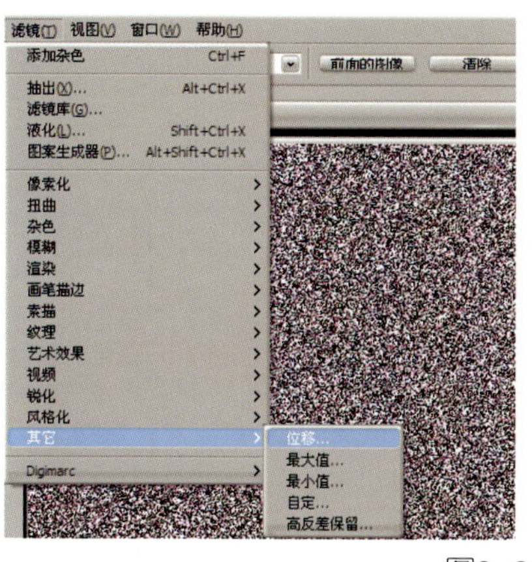

图2-30-3

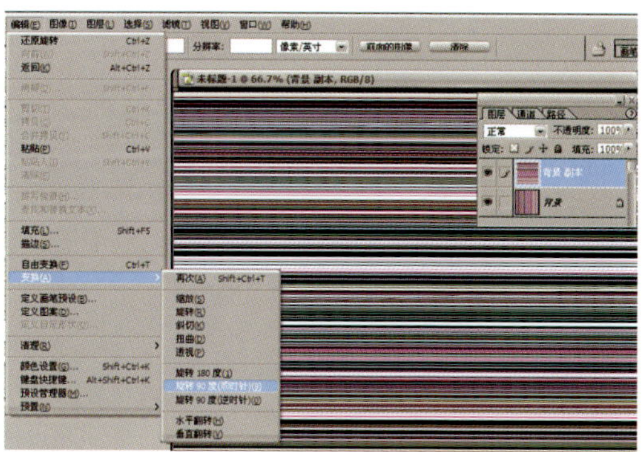

图2-30-4

图2-30-5

2. 色织条纹面料的多种肌理表现

我们在图2-30-3中通过执行“滤镜→其他→位移”命令后得到的随意的竖条纹图案，可以再对它执行多种滤镜效果，以得到各种不同肌理的竖条纹面料。

例一：如图2-31所示，可以执行“滤镜→素描→水彩画纸”命令，根据自己的喜好和需要设置“纤维长度”、“亮度”、“对比度”的数值，从左侧预览框中可看到即时调整的画面，达到满意的效果后，点“好”按钮完成。

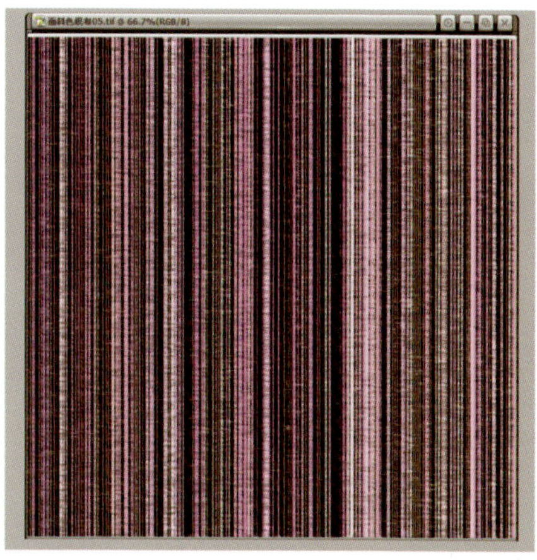

图2-31

例二：如图2-32所示，执行“滤镜→纹理→拼缀图”命令，根据自己的喜好和需要设置“方形大小”、“凸现”数值，同时从左侧预览框中可看到即时调整的画面，达到满意的效果后，点“好”按钮完成，得到一张具有“拼缀”肌理的条纹面料。

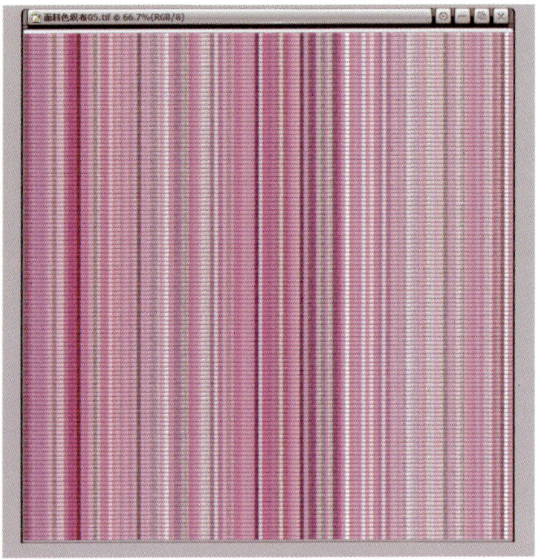

图2-32

例三：如图2-33所示，可以执行“滤镜→艺术效果→壁画”命令，根据自己的喜好和需要设置“画笔大小”、“画笔细节”、“纹理”的数值，同时从左侧预览框中可看到即时调整的画面，达到满意的效果后，点“好”按钮完成。

例四：如图2-34所示，执行“滤镜→纹理→龟裂纹”命令，根据自己的喜好和需要设置“裂缝间距”、“裂缝深度”、“裂缝亮度”的数值，同时从左侧预览框中可看到即时调整的画面，达到满意的效果后，点“好”按钮完成。

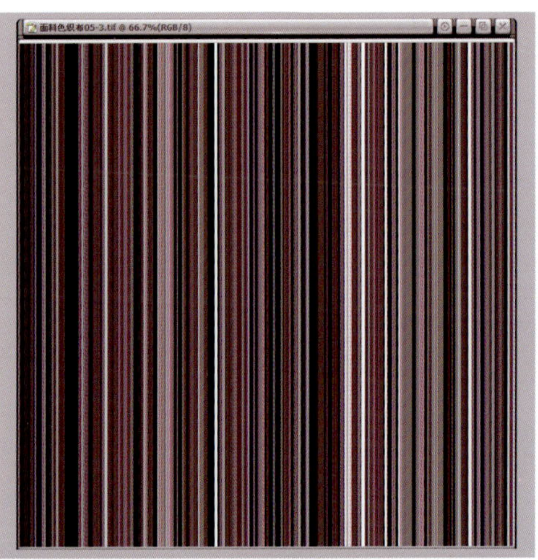

图2-33

此外，还可以通过滤镜工具中的多种命令，绘制出千变万化的面料图案和肌理效果。当然，在执行完滤镜命令后，还可以继续调整它的颜色，按照前面我们讲的多种调整颜色的方法，如执行“图像→调整→亮度、对比度”、“图像→调整→色相/饱和度”、“图像→调整→变化”等命令来调整颜色。

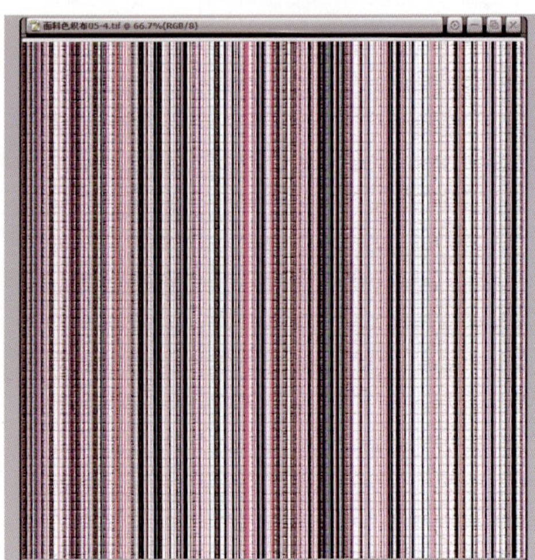

图2-34

四、针织面料的绘制

1. 针织基础纹路的绘制

针织基础纹路的具体绘制步骤如下：

（1）新建一个高宽分别为15厘米，分辨率为72像素/厘米的RGB模式的图像文件。

（2）将其填充为透明色。选择“工具箱”中的“钢笔工具”以“工作路径”的形式绘制所需造型，绘好后，点击“复制路径”，并将新复制的路径执行“编辑→变化路径→水平翻转”命令，然后移动调整路径，水平排列。（图2-35-1）

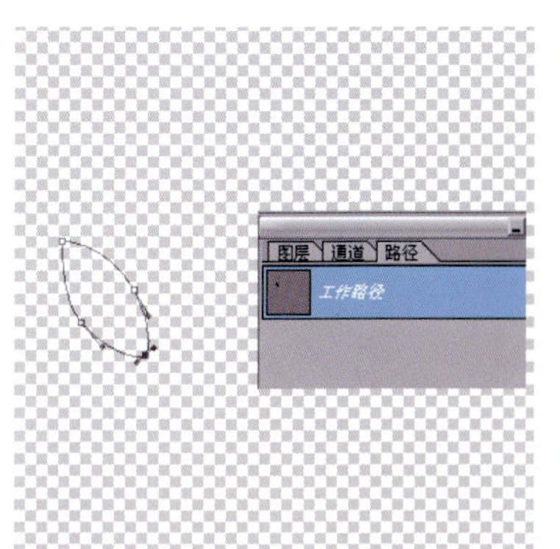

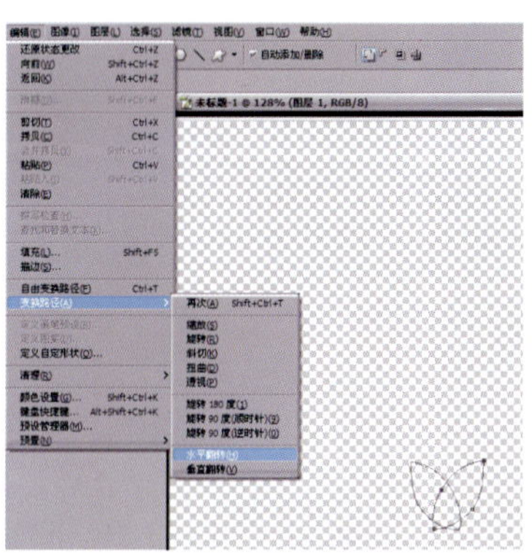

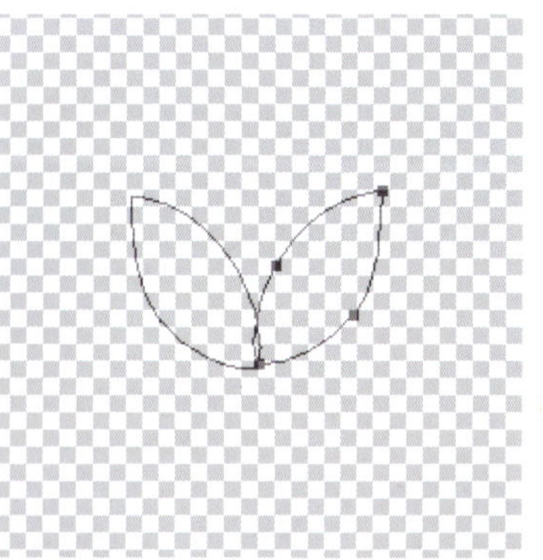

图2-35-1

（3）新建一个图层，并暂时关掉背景图层，点按“路径面板”底部的“将路径作为选区载入”按钮，将此路径转化为“选区”，按组合键Alt+Blackspace，为选区填充以设置好的前景色，此处我们设置为玫红色。（图2-35-2）

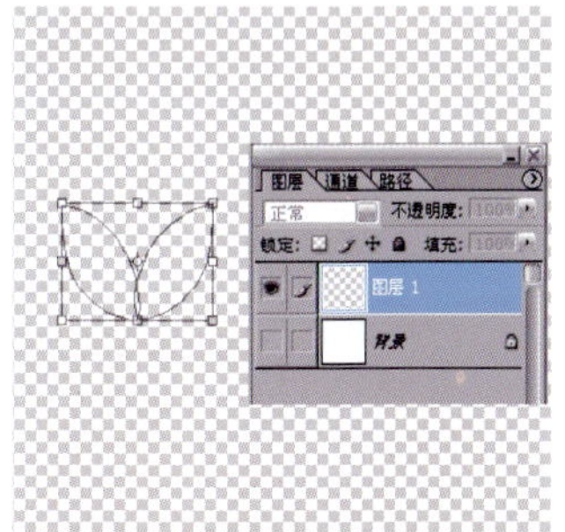

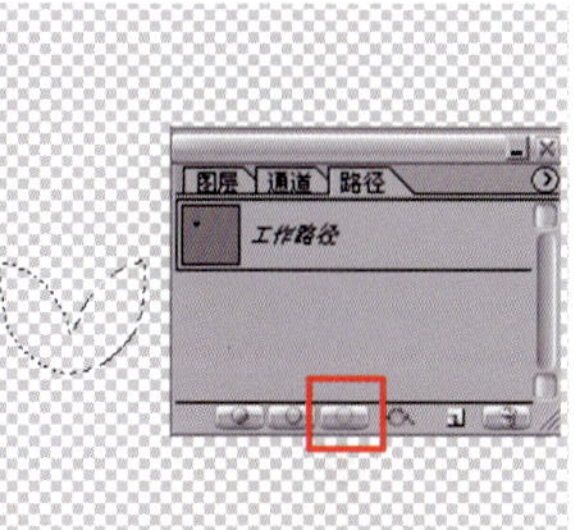

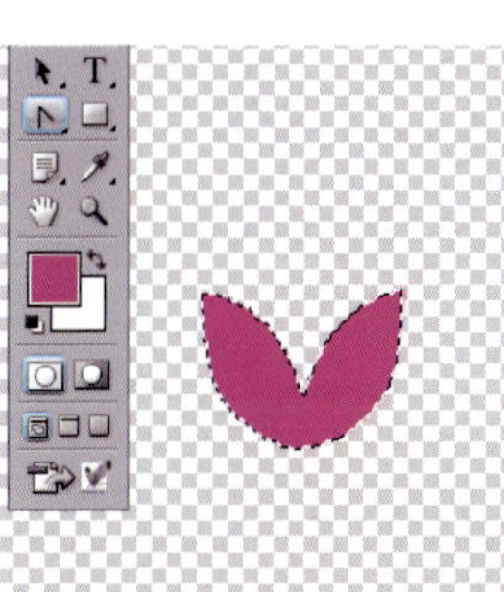

图2-35-2

（4）在图层面板的“图层1”上，点右键选择“混合选项”一栏，弹出“图层样式”面板，勾选“混合选项”中“内阴影”一项，然后用“矩形选框工具”框选我们已画好的图案，执行“编辑→定义图案”命令，弹出“定义图案”的对话框输入图案名称。（图2-35-3）

（5）新建“图层2”，在图层2上操作，执行“编辑→填充”命令，弹出“填充”对话框，在“内容”栏中选择“图案”一项，点按“自定图案”的下拉菜单，选择我们先画好的那个紫红色的图案，设置完后，点“好”按钮完成。画面生成此图案的平铺样式，关掉原“图层1”左侧的眼睛，即不显示“图层1”。（图2-35-4）

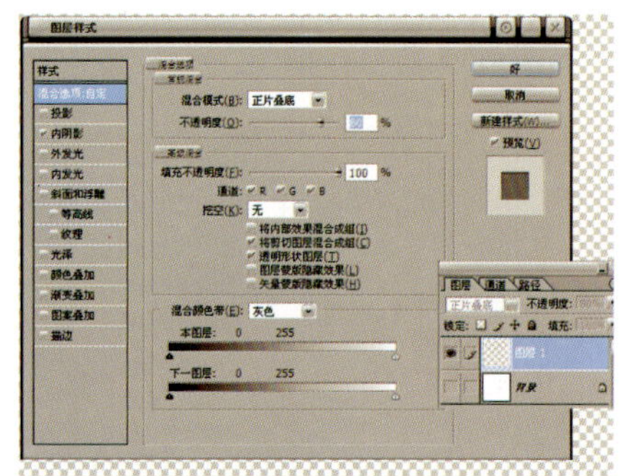

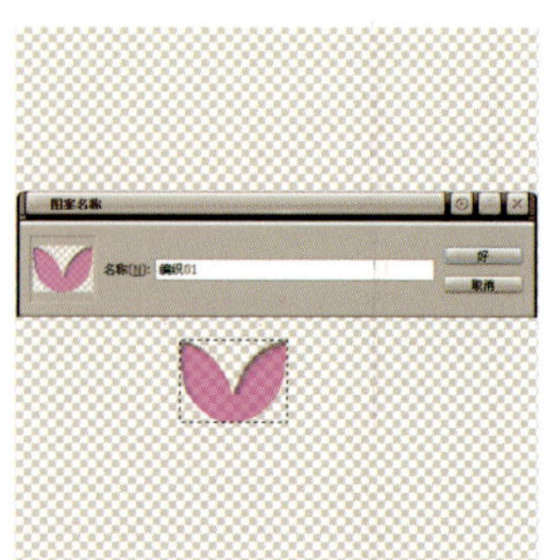

图2-35-3

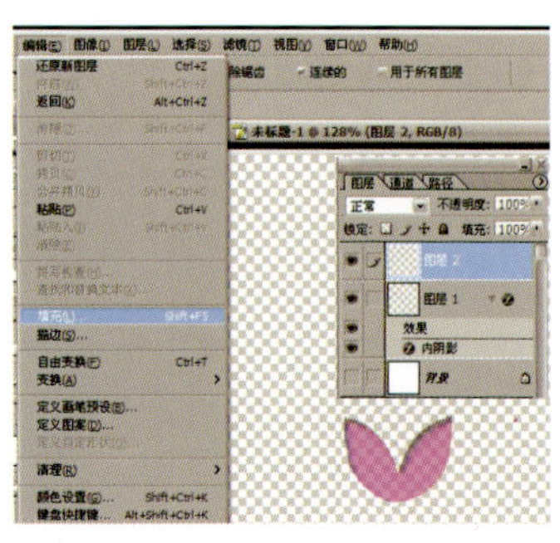

图2-35-4

（6）选中“背景图层”，填充颜色，我们这里选择同色系的较深的紫红色填充，使画面色调统一，看起来更和谐。删掉绘制了单独图案的“图层1”，再执行“图层→合并可见图层”命令，这样，针织面料的雏形就制作出来了。（图2-35-5）

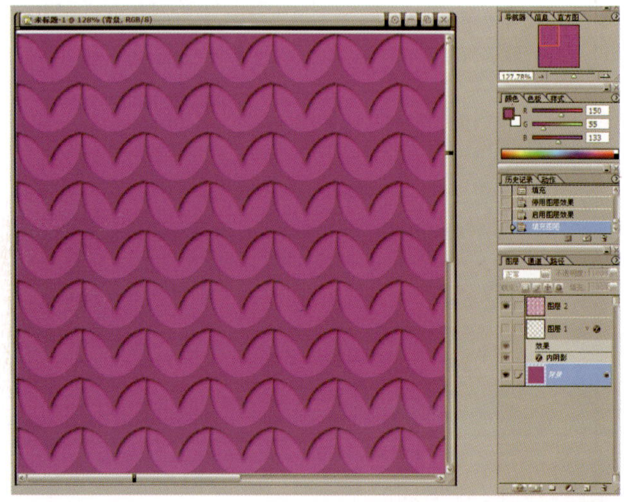
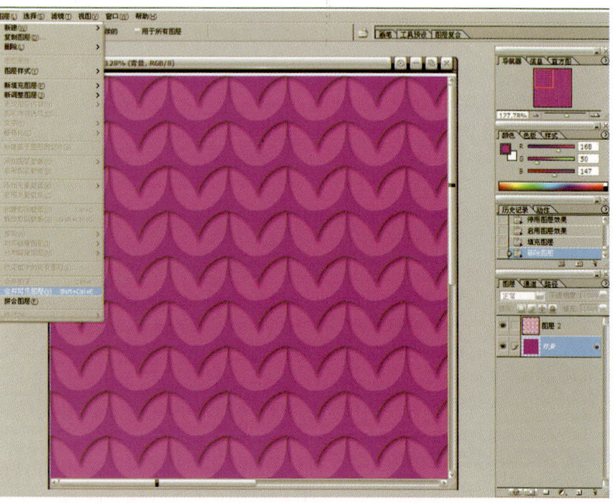

图2-35-5

2. 针织面料的多种肌理效果

接下来，我们可以对以上绘制好的图像做更多“滤镜”效果的处理，以形成多种不同肌理外观的针织面料。

例一：执行“滤镜→杂色→添加杂色”命令，在弹出的对话框中设置“数量”10%，选择“平均分布”、“单色”，再执行“滤镜→模糊→动感模糊”命令，在弹出的“动感模糊”对话框中设置“角度”90度，“距离”20像素。（图2-36）

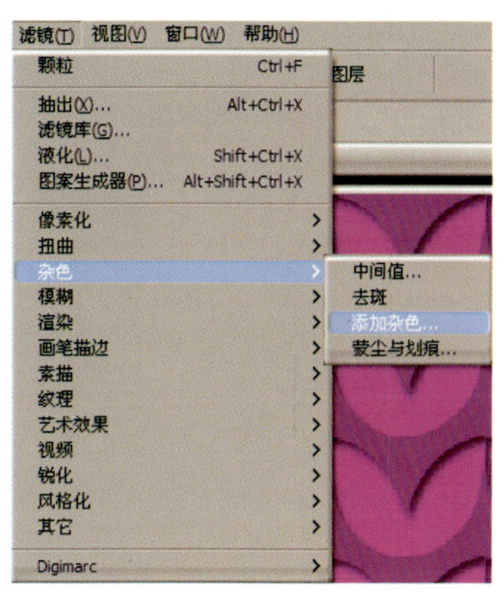

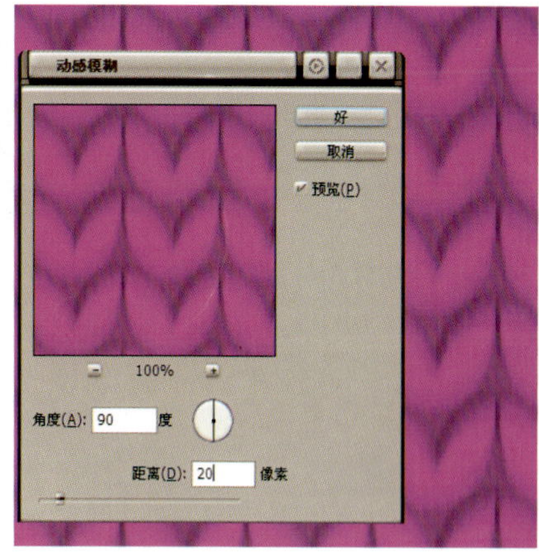

图2-36

例二：执行“滤镜→艺术效果→底纹效果”命令，拉动对话框上的滑块，设置“画笔大小”、“纹理覆盖”、“缩放”、“凹凸”数值，选择“光照方向”、“纹理”样式，同时可从对话框左侧的预览窗口看到随时调整的图像效果，达到满意的图像后，点按“好”按钮完成。这样即得到一张如反针效果的针织面料。（图2-37）

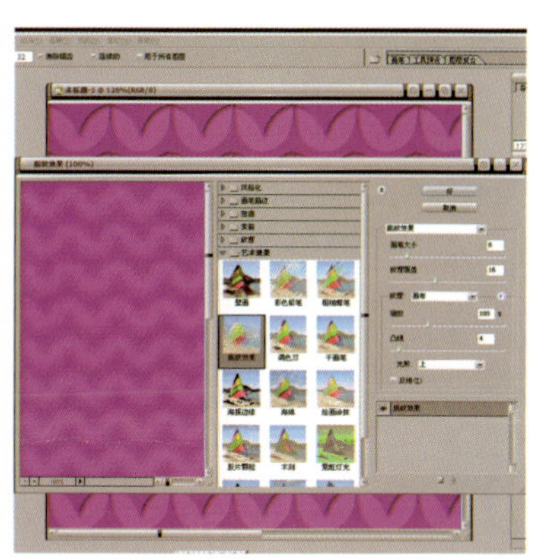

图2-37

例三：执行“滤镜→艺术效果→壁画”命令，拉动对话框上的滑块，设置“画笔大小”、“画笔细节”、“纹理”数值，同时可从对话框左侧的预览窗口看到随时调整的图像效果，达到满意的图像后，点按“好”按钮完成。这样即绘制出一张黑底红色图案的针织花纹面料，其色彩和图形的装饰感很强。（图2-38）

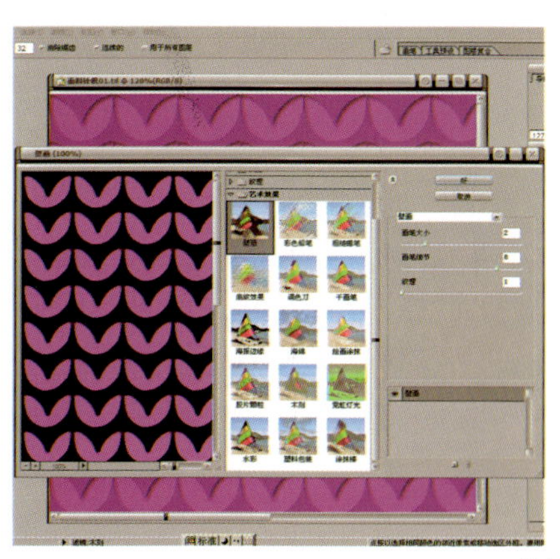
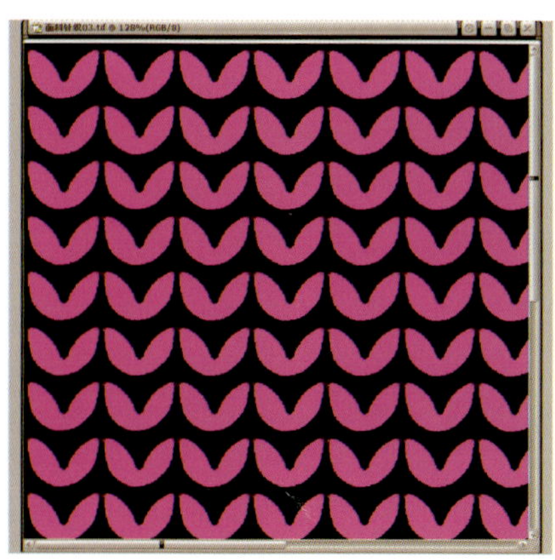

图2-38

例四：执行“滤镜→画笔描边→喷溅”命令，拉动对话框上的滑块，设置“喷色半径”、“平滑度”的数值，调节画面，同时可从对话框左侧的预览窗口看到随时调整的图像效果，达到满意的图像后，点按“好”按钮完成。这样即制作出一张绒状肌理图案的针织花纹面料，具有粗针的效果，纹理起伏明显。（图2-39）

图2-39

例五：执行“滤镜→扭曲→波纹”命令，拉动对话框上的滑块，设置“数值”大小，选择波纹“大小”，同时可从对话框上方的预览窗口看到随时调整的图像效果，达到满意的图像后，点按“好”按钮完成。（图2-40）

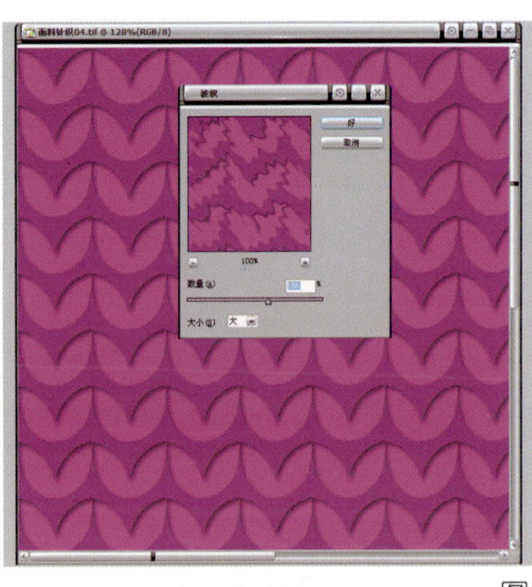

图2-40

我们运用“滤镜”中的多种效果绘制面料肌理后，我们还可以按照前面所学的方法，执行“图像→调整→变化”命令或执行“图像→调整→色相/饱和度”命令，根据自己需要更改和调整这些针织面料的颜色。（图2-41）

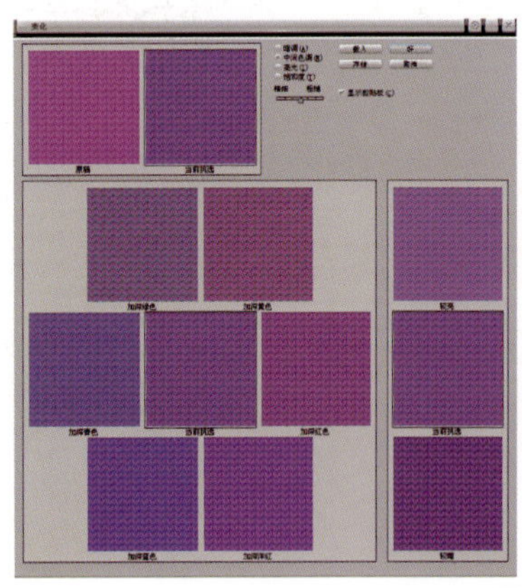
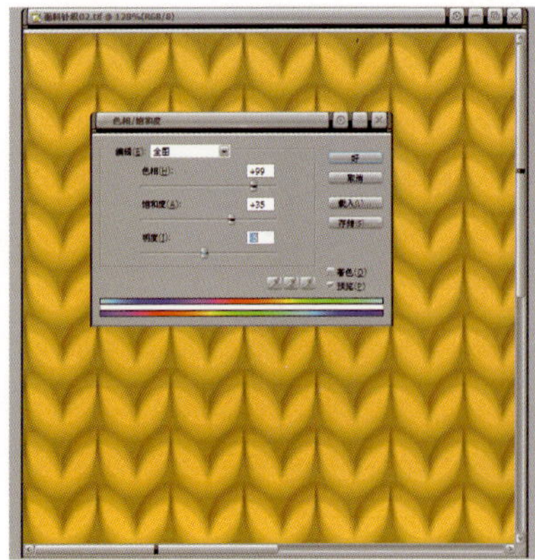

图2-41

五、豹皮纹面料的绘制

豹皮纹面料的具体绘制步骤如下：

（1）新建一个高宽分别为15厘米，分辨率为72像素/厘米的RGB模式的图像文件。

（2）填充为黑色。执行“滤镜→杂色→添加杂色”命令，在弹出的对话框中设置“数量”300%，选择“高斯分布”、“单色”。（图2-42-1）

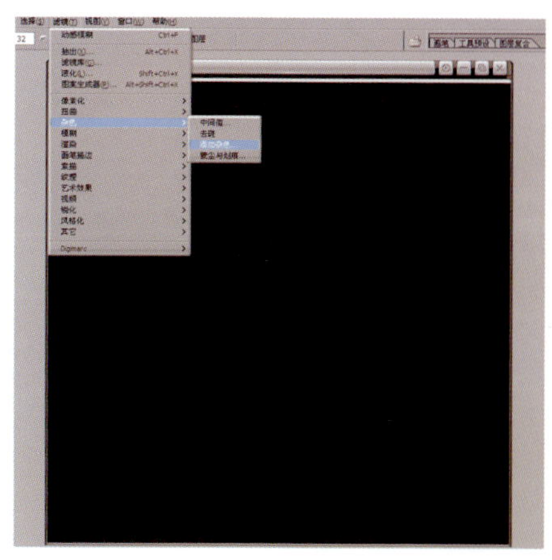

图2-42-1

（3）执行“滤镜→模糊→动感模糊”命令，在弹出的对话框中设置“角度”为30度，“距离”为10像素。（图2-42-2）

（4）再次执行“滤镜→模糊→动感模糊”命令，在弹出的对话框中设置“角度”为-30度，“距离”为10像素。（图2-42-3）

（5）执行“滤镜→风格化→风”命令，在弹出的“风”对话框中选择“飓风”，“方向”选择从左或从右均可。（图2-42-4）

（6）执行“图像→调整→变化”命令，可以选择面料的“暗调”、“中间色”、“高光”，设置图像的精细和粗糙程度，面板上可以很直观地看到加入任何一种颜色后的效果，点按每一个色块使色彩叠加而产生变化，在“当前挑选”中显示调整后的颜色，点击“好”执行变化。（图2-42-5）

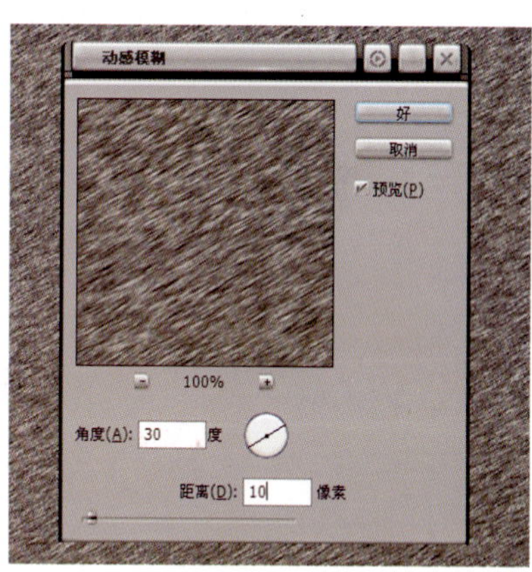

图2-42-2

图2-42-3

图2-42-4

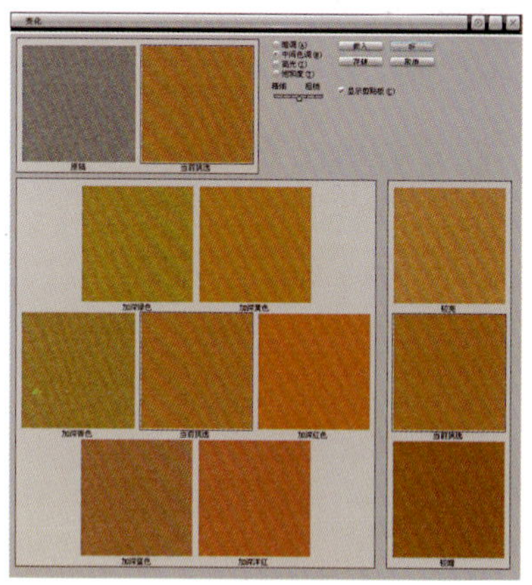

图2-42-5

（7）执行“滤镜→画笔描边→烟灰墨”命令，拉动对话框上的滑块，设置“描边宽度”、“描边压力”、“对比度”的数值，调节画面，同时可从对话框左侧的预览窗口看到随时调整的图像效果，达到满意的图像后，点按“好”按钮完成。最后我们得到一张豹皮图案的花纹面料。（图2-42-6）

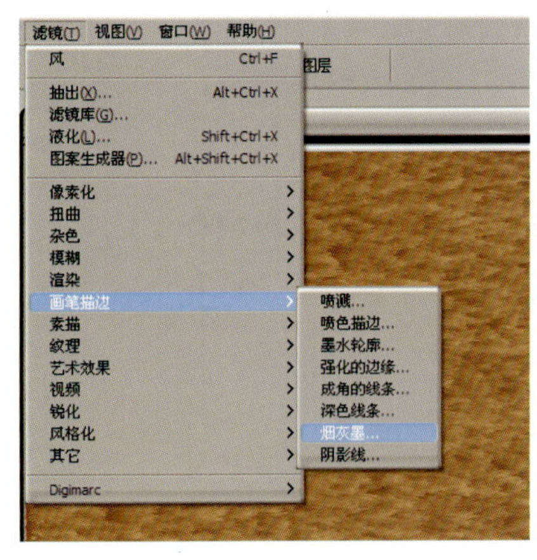

图2-42-6

六、皮草面料的绘制

皮草面料的具体绘制步骤如下：

（1）新建一个高宽分别为15厘米，分辨率为72像素/厘米，底色为白色的RGB模式的图像文件。

（2）执行“滤镜→杂色→添加杂色”命令，调整对话框中的滑块，以及对选项进行勾选（图2-43-1）。再执行“滤镜→模糊→动感模糊”命令，在弹出的对话框中设置“角度”为90度，“距离”为40像素。（图2-43-2）

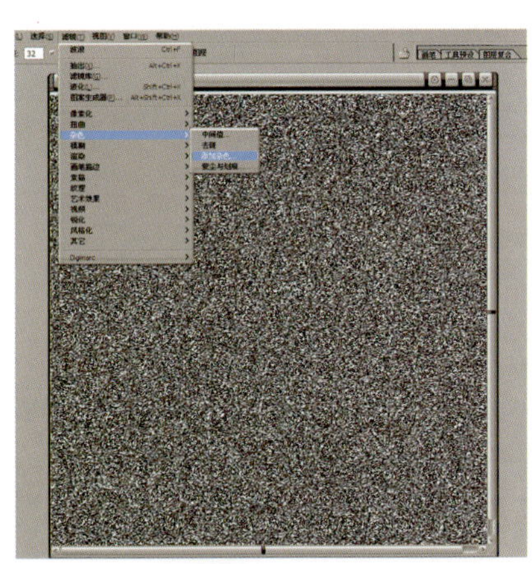

图2-43-1

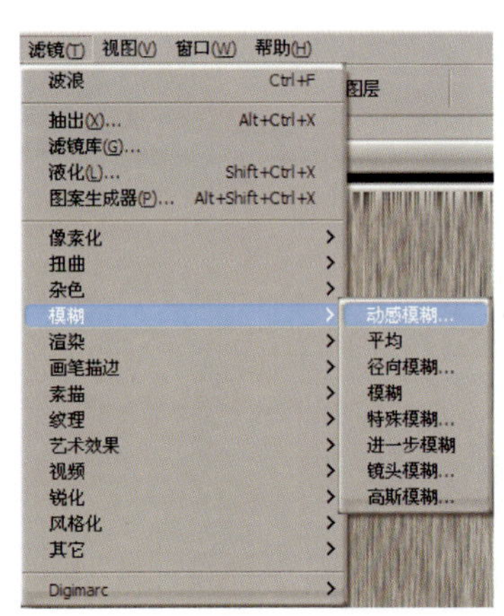

图2-43-2

（3）执行“滤镜→扭曲→波浪”命令，拉动对话框上的滑块，设置数值大小，选择上下“波长”、“波幅”、“比例”等数值，这里分别设置的“生成器数”为1，最大和最小“波长”分别为66和374，最大和最小“波幅”分别为34和52，水平和垂直“比例”分别为60和70，勾选“正弦”和“重复边缘像素”，同时可从对话框上的预览窗口看到随时调整的图像效果，达到满意的图像后，点按“好”按钮完成。（图2-43-3）

（4）执行“图像→调整→变化”命令，根据你的需要进行调整，在“当前挑选”中得到想要的颜色即可点击“好”执行变化。（图2-43-4）

（5）调整好面料的色彩基调后，选择工具箱中的“加深工具”，在选项栏中选取画笔笔尖并设置画笔的粗细和硬度，这里设置“主直径”为271像素，“硬度”为43%，在画面上需要加深的地方进行涂抹，以形成深浅不同的颜色区域。（图2-43-5）

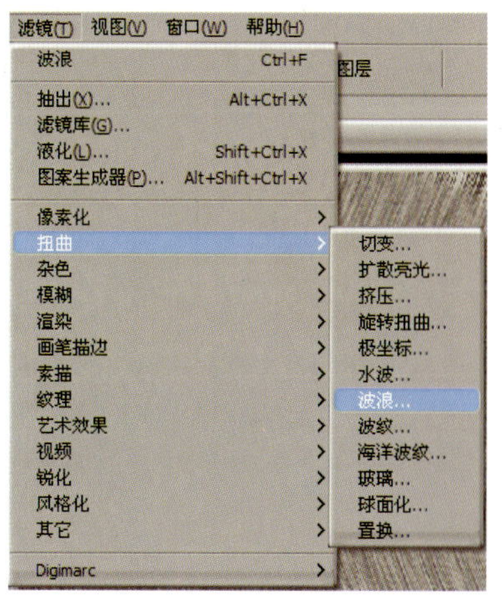

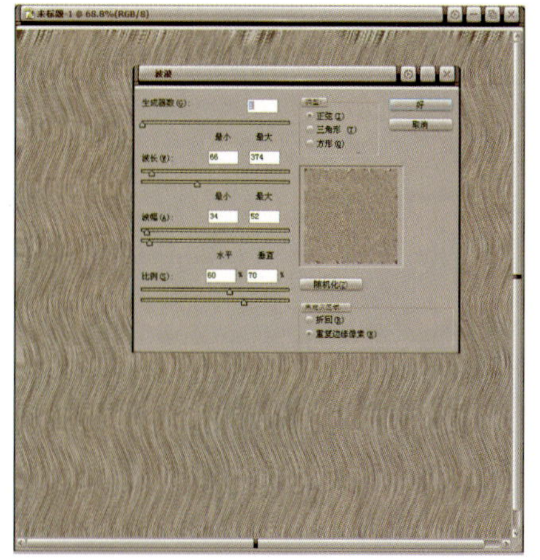

图2-43-3

（6）选择工具箱中的“减淡工具”，在选项栏中选取画笔笔尖并设置画笔的粗细和硬度。这里设置“主直径”为122像素，“硬度”为33%，在画面上需要减淡的地方进行涂抹，以加强此皮革面料的立体感。（图2-43-6）

我们将前面绘制好的面料储存在面料库中，这样，在服装效果图线描稿完成后便可以随时调出，对其进行面料的填充。关于面料的填充将在下一节效果图的绘制实例中详细讲解和演示。

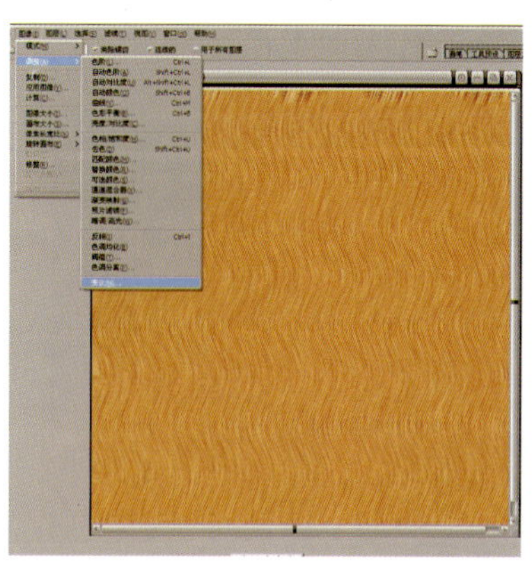

图2-43-4

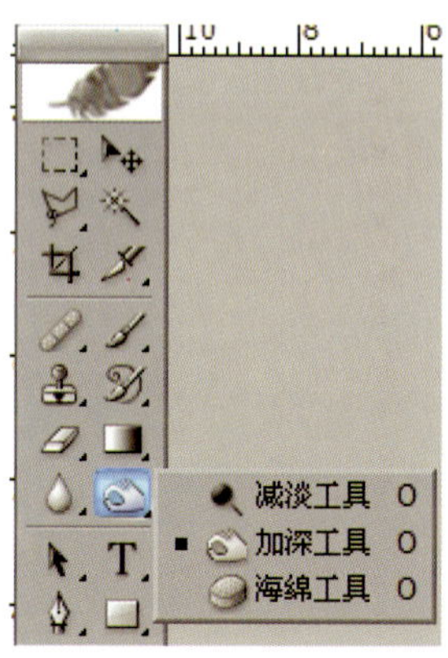

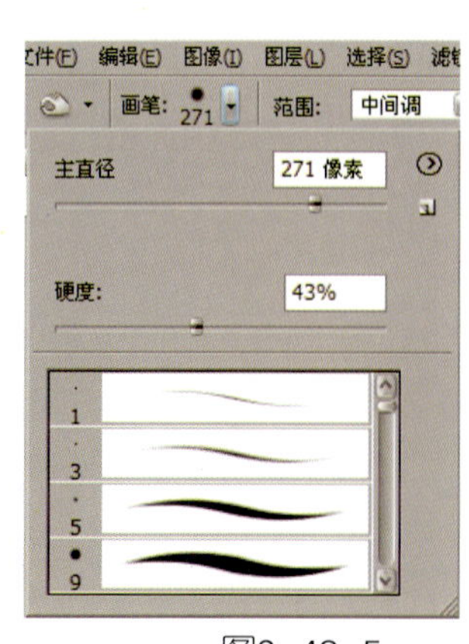

图2-43-5

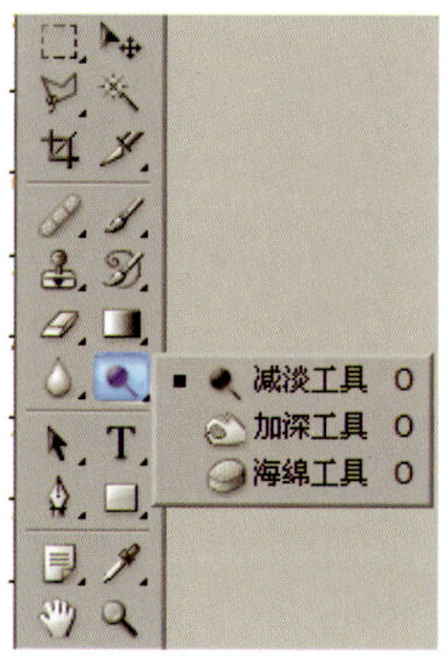

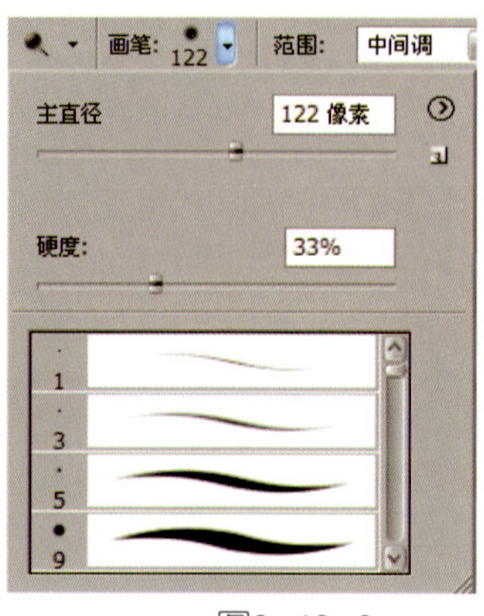

图2-43-6

第五节 服装效果图绘制实例步骤演示

在这一节里，将从线描稿的绘制到颜色及面料的填充及修改，完整地演示在Photoshop中如何绘制服装效果图。要画好服装效果图，首先是要表现优美的人体造型，通过对人体的表现来传达服装的美感，所以，先学习服装效果图中的人体比例。

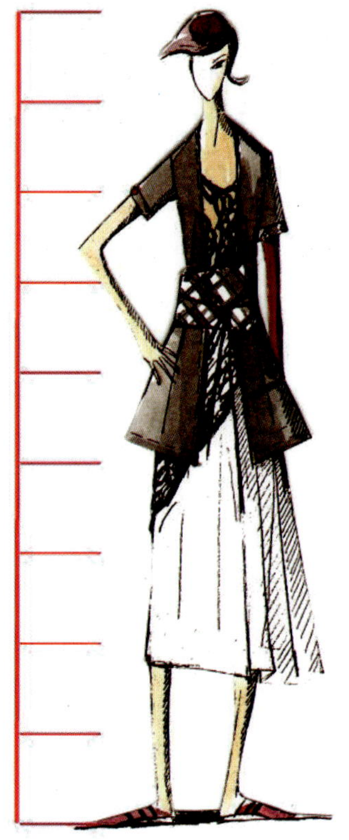

图2-44

一、服装效果图的人体比例

在服装效果图中，我们通常以头为单位，用超过9个头长的人体比例来表现人体的优美和模特高挑的身材。（图2-44）

二、 线描稿的绘制

电脑绘制服装效果图和平时手绘服装效果图的步骤是一样的，先要在画纸上画一个铅笔稿，大致画出模特的造型和服装的款式，然后再进行着色。运用Photoshop软件，对于人体和服装造型的线描稿，可以通过很多种方法来进行绘制。一是，可以通过对现有的手绘线描稿或速写资料进行扫描后再处理成线描稿；二是，可以对照片进行处理后再进行绘制；三是，通过Photoshop中的绘图工具进行绘制。

方法一：对现有的手绘线描稿或速写资料进行扫描作为原图

此方法适合于习惯手绘造型的同学。

（1）先在画纸上用铅笔绘制好人物造型和服装。（图2-45-1）

（2）通过扫描将手绘线描稿输入到电脑中，并进行亮度/对比度的调整，除去杂点和色斑，这样得到一张对比清晰的单色线描稿，以利于对线描稿进行选取和填充。（图2-45-2）

（3）按Ctrl+A键对画面进行全选，再按Ctrl+C键进行复制。

（4）单击Q键或工具栏下方的“以快速蒙版模式编辑”进入蒙版模式。（图2-45-3）

图2-45-1

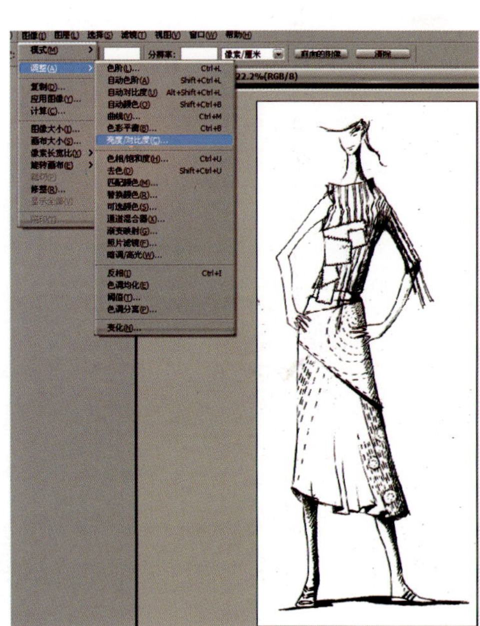

图2-45-2

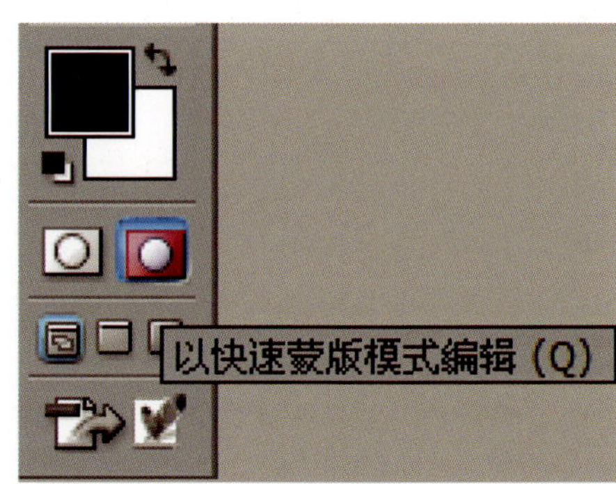

图2-45-3

（5）按组合键Ctrl+V进行粘贴，这时可看到线条被红色覆盖（图2-45-4），再单击Q键或工具栏下方的“以标准模式编辑”，回到标准模式。（图2-45-5）

（6）执行“选择→反选”命令，显示线条被选取，这时先新建一个图层，再删除背景图层，显示被选取的线条区域。（图2-45-6）

（7）执行“编辑→填充”命令，为线条填充单色，一般选择黑色填充，并将其保存为PSD格式，方便以后的着色。（图2-45-7）

图2-45-4

图2-45-5

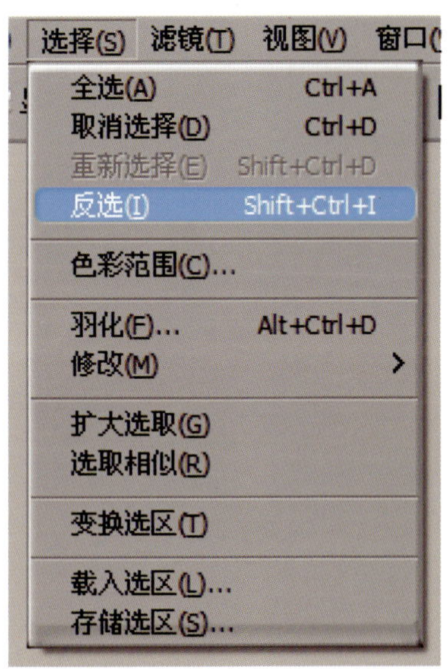

图2-45-6

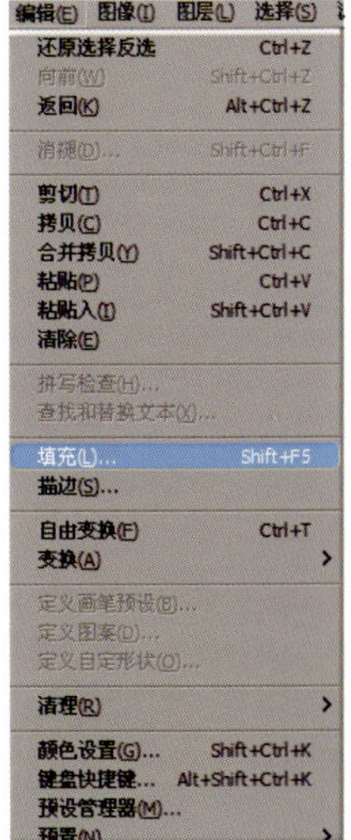

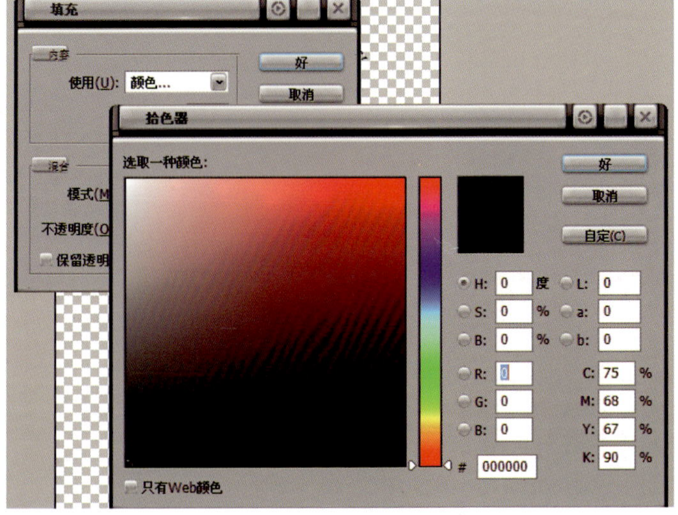

图2-45-7

方法二：以照片作为原图处理后再进行绘制

此方法适合已有很好人体动态或服装的图片，以其为模板进行绘制。

（1）通过扫描仪将照片输入到电脑中，对此图像进行“滤镜→风格化→等高线”命令的调整，并可将每次调整的图像重叠以达到完整的人体外轮廓或服装细节勾画。（图2-46-1）

（2）执行“图像→调整→去色”命令，形成一张黑白单色线描稿，对此图像进行“亮度→对比度”的调整，以除去杂点和色斑。按照方法一中对手绘线描稿的处理方法，得到一张单色线描稿，以PSD格式保存，以方便上色和修改。（图2-46-2）

图2-46-1

图2-46-2

方法三：通过Photoshop中的绘图工具直接进行绘制

前面我们已经讲解了Photoshop中的绘图工具，这里着重介绍如何使用这些工具进行线描稿的绘制。

1.使用“画笔工具”和“铅笔工具”进行绘制

此方法适合手绘造型能力强的同学。

（1）首先，执行“打开→新建”命令，设置要画的服装效果图的纸张大小和像素。根据自己的喜好和习惯，选择工具栏中的“画笔工具”或“铅笔工具”。（图2-47-1）

（2）单击界面左上角的属性栏中的小三角，设置“画笔工具”和“铅笔工具”的形状、粗细、硬柔度。（图2-47-2）

（3）然后，就可以在新建的纸张上绘画了。绘画步骤和手绘一样。（图2-47-3）

（4）根据自己的绘图习惯作画，不要的线条，可以用工具箱中的“橡皮擦工具”删掉。还可以单击界面左上角属性栏中的小三角，设置橡皮擦工具的形状、粗细和硬度。按此方法一步步绘制，直至最后完成。（图2-47-4）

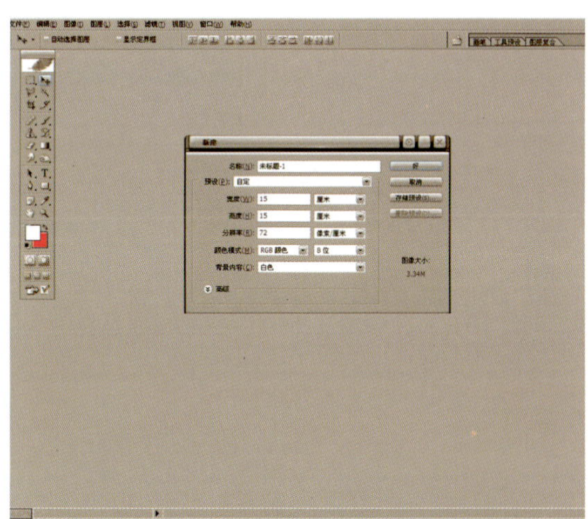

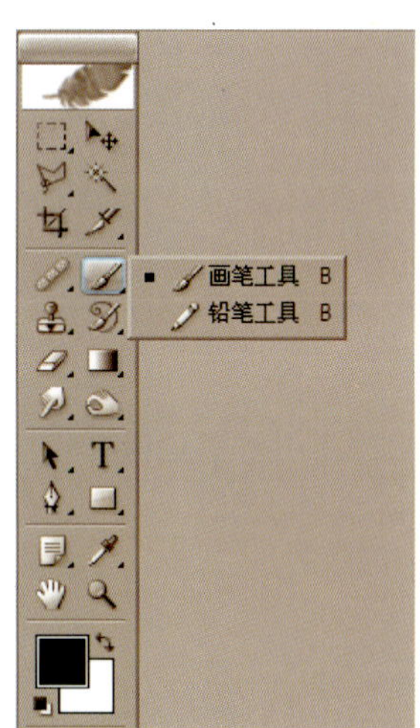

图2-47-1

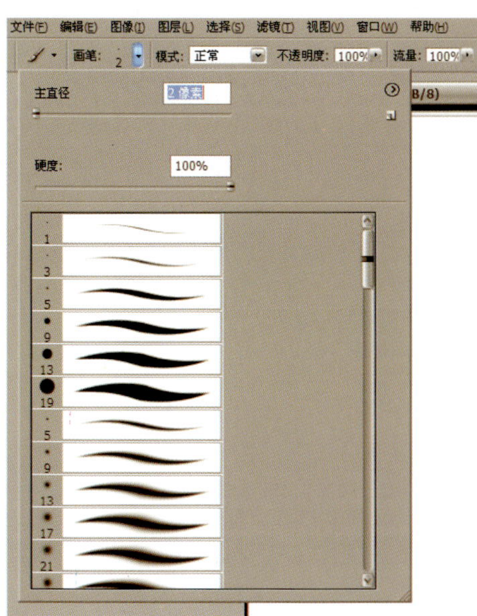

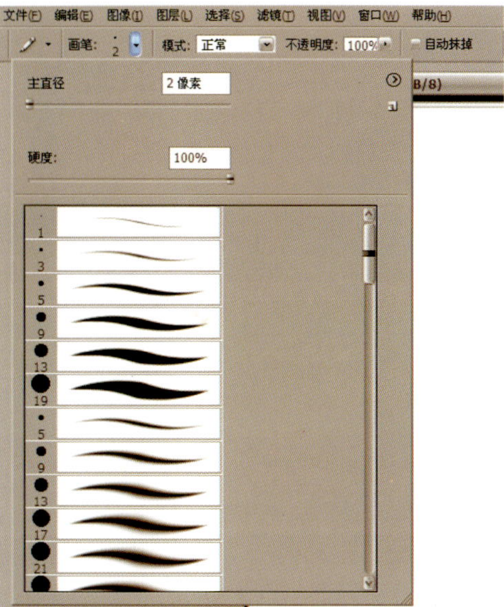

图2-47-2

图2-47-3

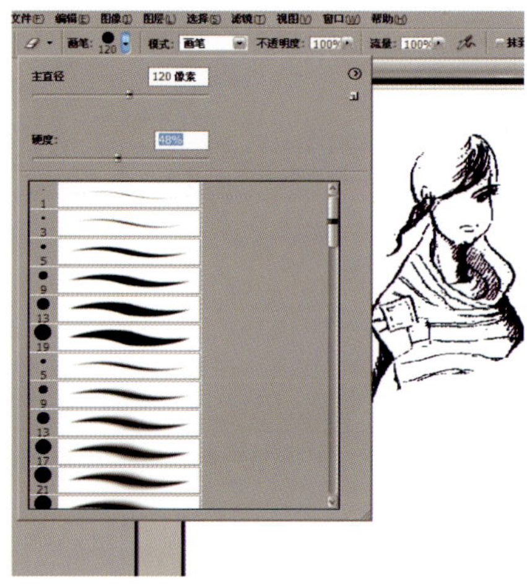

图2-47-4

2. 使用“钢笔工具”编辑路径绘制线描稿的方法

此方法要求能熟练掌握路径锚点的编辑。使用此方法绘制的线描稿工整且有利于后期处理和修改，特别是对于色彩和面料的更换修改等。

（1）首先，执行“打开→新建”命令，设置要画的服装效果图的纸张大小和像素。然后，选择工具栏中的“钢笔工具”。（图2-48-1）

（2）在界面左上角的钢笔工具属性栏中，我们可以看到如图2-48-2所示的选项栏：

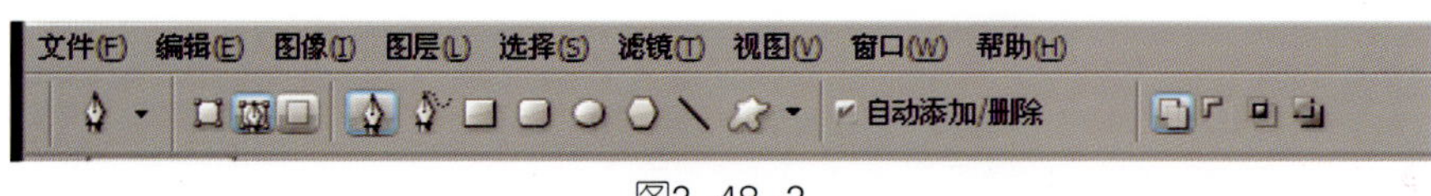

图2-48-2

选项栏左边的一组三个按钮分别为“形状图层”、“路径”、“填充像素”，我们在服装效果图的绘制中，通常点按“路径”一项。

选项栏中间一组工具按钮包含了“矩形工具”、“圆角矩形工具”、“椭圆工具”、“多边形工具”、“自定形状工具”等，用于绘图工具之间的切换。

选项栏右边一组选项是用以确定重叠路径组件的交叉区域：

“添加到路径区域”可将新区域添加到重叠路径区域。

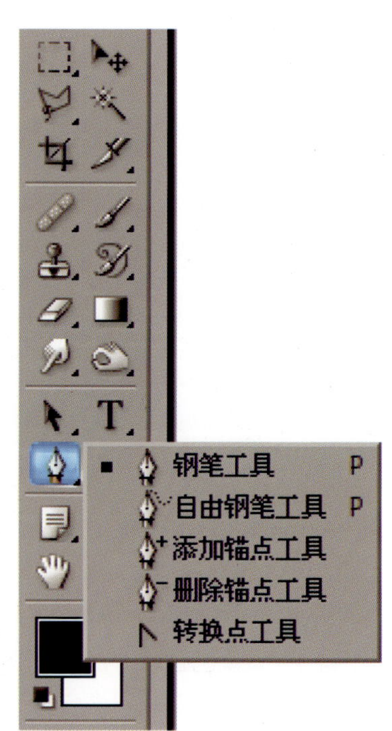

图2-48-1

“从路径区域减去”可将新区域从重叠路径区域移去。

“交叉路径区域”将路径限制为新区域和现有区域的交叉区域。

“重叠路径区域除外”从合并路径中排除重叠区域。

（3）钢笔工具设置好以后，就可以开始画图了。在画图前最好温习一下本章第二节对“钢笔工具”的讲解。

这里，我们首先以头部的绘制为例，先在路径面板右下角单击“创建新路径”按钮，在新的工作路径上画模特的头发，再新建一个路径画模特的脸。建议每画一个部分就新建一个工作路径，这样方便后期的着色和修改。（图2-28-3）

（4）独立的路径编辑完成之后，就可以进行描边了。点击头发部分的工作路径层，单击右键，在下拉选项中选择“描边路径”描边路径...选项，在对话框中设置描边的“工具”，一般选择 铅笔 一项，最后得到描边后的头发图形。（图2-48-4）

按照同样的步骤，逐一完成面部、身体、四肢以及服装的描边。描边完成以后，我们便可以着色了。

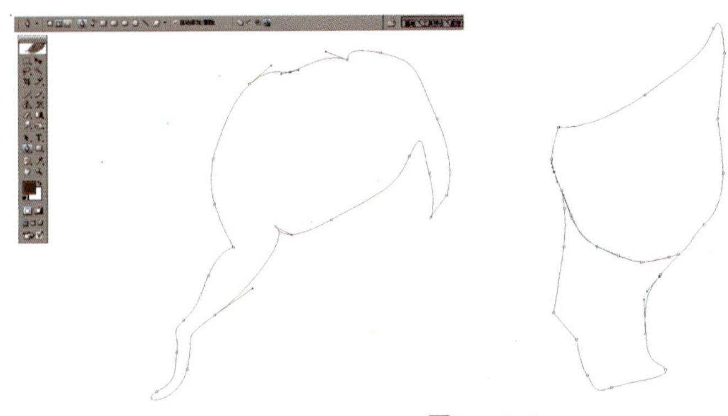

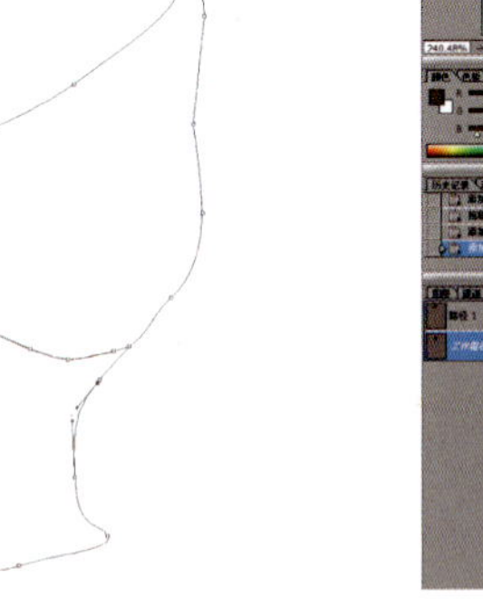

图2-48-3

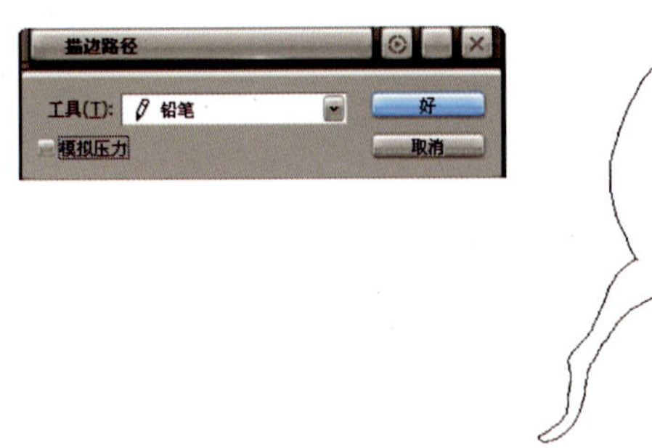

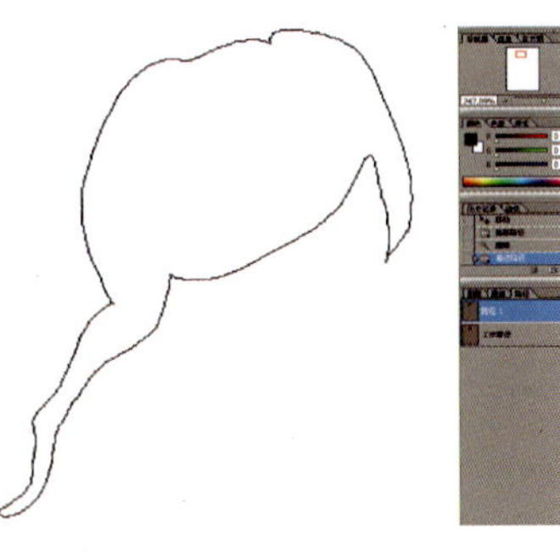

图2-48-4

三、线描稿的填充

1. Photoshop中三种填充方法

画好一张线描稿后，要对其进行填充上色。对线描稿的着色有很多种方式，以下就以几个实例来做具体的讲解和演示。

（1）“填充路径”：这里以头发的颜色填充为例，先选择要着色部分的工作路径后，单击右键，在下拉选项中选择“填充路径”选项，在弹出的对话框中选择填充的内容，我们选择以设置好的前景色为头发颜色。（图2-49）

（2）“编辑/填充”命令：以面部的颜色填充为例，先选择要着色部分的工作路径，单击右键，在下拉选项中选择“建立选区”选项，在弹出的对话框中设置“羽化半径”，勾选“消除锯齿”、“新选区”即生成面部轮廓的选区。（图2-50-1）

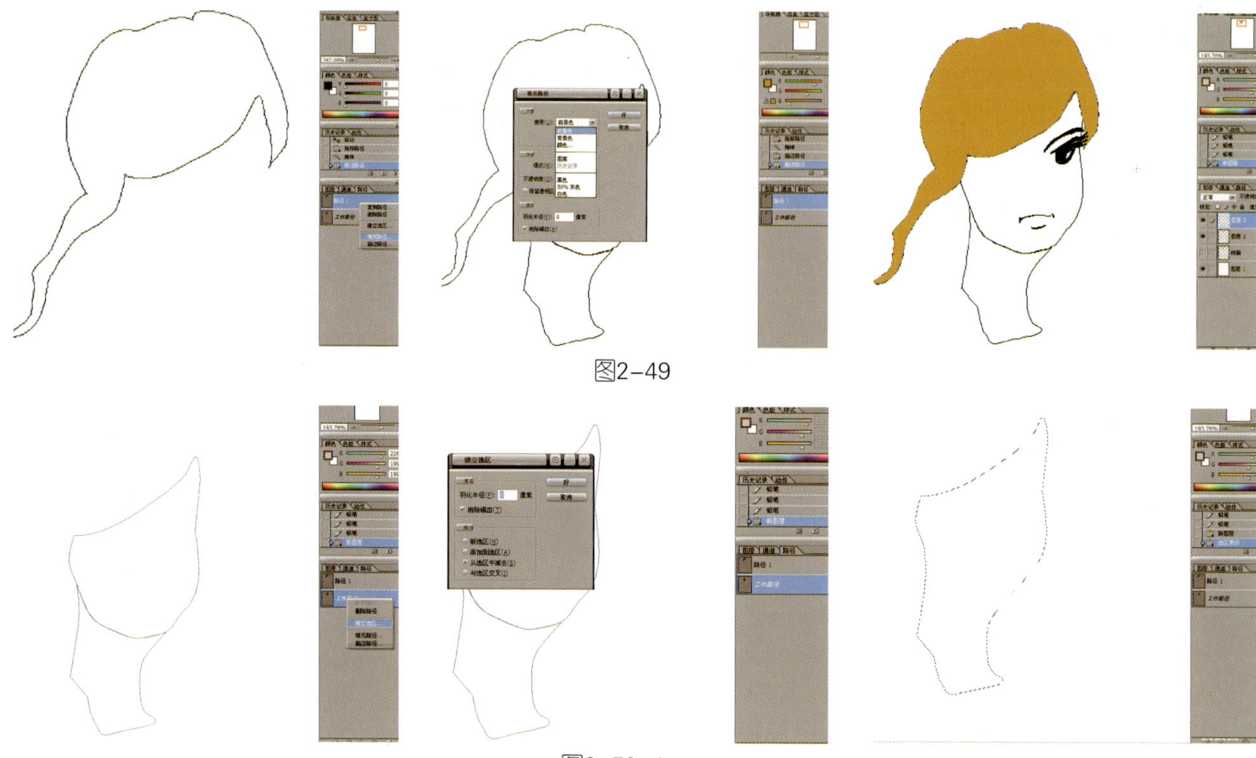

图2-49

图2-50-1

再执行“编辑→填充”命令，在弹出的对话框中选择填充的内容，这里选择“颜色”选项，弹出“拾色器”，选择面部填充的颜色。（图2-50-2）

由于以上两种方法填色出来的面部没有立体感，这时可以采用第三种方法继续为面部上色，使其更丰富，更有层次。

（3）画笔工具上色：选取工具箱中的“画笔工具”，选取一个比面部颜色要深的同色系色，如此处的紫灰色。在面部的阴影处涂抹。（图2-51）

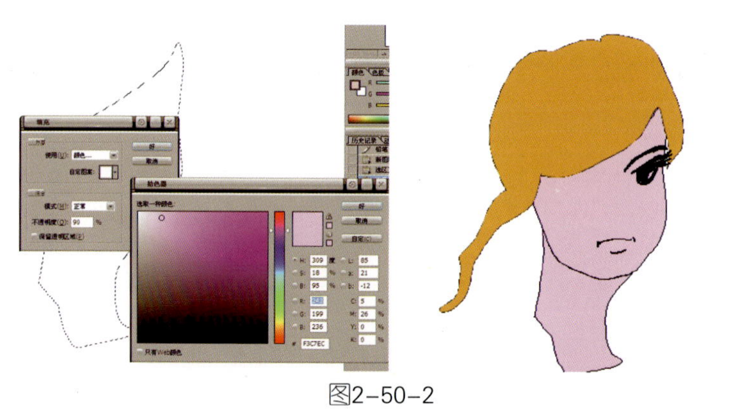

图2-50-2

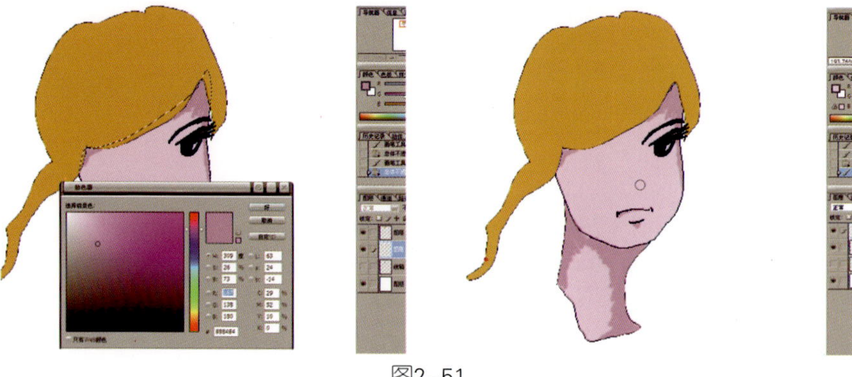

图2-51

2. 填充区域的选取

（1）首先打开一张已绘制好的线描稿（PSD格式）。现在，先给图中的上衣填充颜色，在图层面板下方点按“新建图层”命令，定义为“衣服”图层。（图2-52-1）

图2-52-1

（2）点按工具箱中的“以快速蒙版模式编辑”按钮，或单击键盘上Q键。点开通道面板，即可看到面板下方添加了“快速蒙版”，这时工具箱中的色板自动变成黑白色■，然后选择工具箱中的“画笔工具”进行绘制，涂抹整个要填充面料的上衣部分，可见涂抹到的地方呈现透明红色。（图2-52-2）

（3）这时看到快速蒙版的通道缩略图中以黑色显示的区域即图中的红色叠加的区域，表示未选中。而快速蒙版的通道缩略图中以白色显示的区域即图中未涂抹的区域，这时虚线选区显示已选中。执行“选择→反选”命令，这时被涂抹的红色区域显示为选区状态。（图2-52-3）

图2-52-2

图2-52-3

（4）执行“选择→储存选区”命令；在弹出的“储存选区”的对话框中输入名称“上衣”，这时我们看到在通道面板中自动新建立的“上衣”通道，在通道缩略图中以白色显示的区域即为上衣选区。（图2-52-4）

（5）点按回图层面板，选取上衣图层，设置工具箱上的前景色后按组合键Alt+Blackspace为上衣填充颜色。（图2-52-5）

（6）填充好上衣基调后，在拾色器面板上选择上衣暗部的颜色，选择工具箱中的画笔工具，拉动滑块设置合适的画笔大小、粗细，涂抹上衣暗部，塑造衣服的立体感。（图2-52-6）

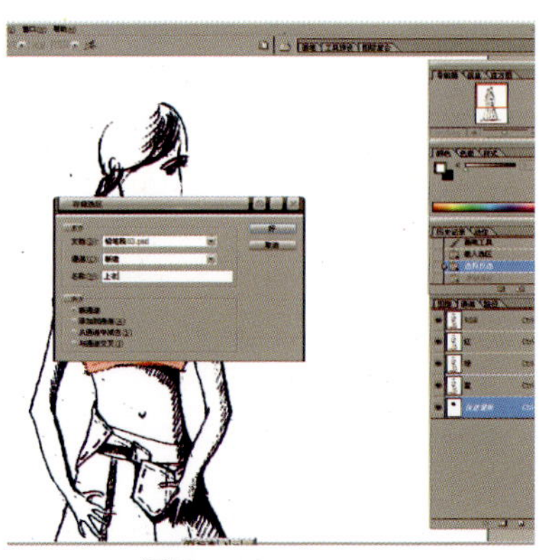

图2-52-4

图2-52-5

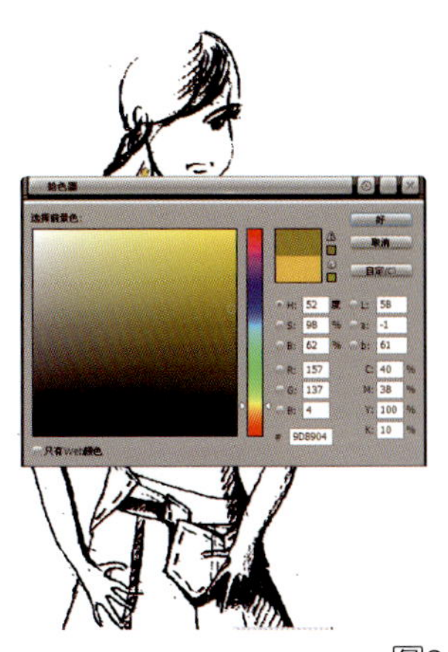
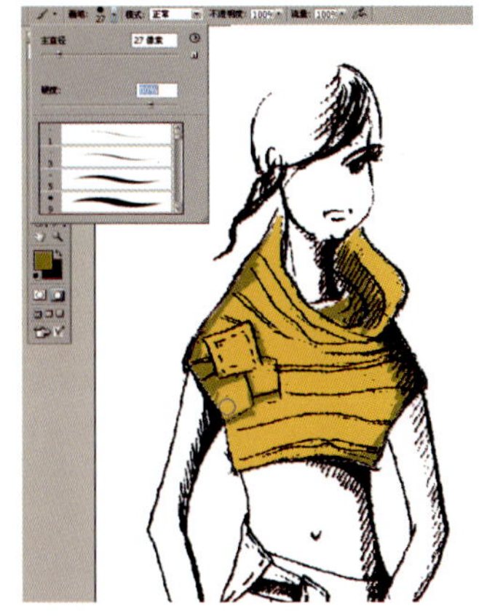

图2-52-6

3. 为线描稿填充颜色的不同形式

对于服装效果图，除了简单的着色以外，很多时候还要绘制服装面料的图案和纹理。在进行面料的填充时，除了填充已制作好的面料，如前面所制作的迷彩面料、豹纹面料和针织面料等，还可以利用现有的一些面料实样进行填充和编辑。

找好需要的面料以后，在Photoshop中执行“文件→导入”命令，选择扫描仪对面料进行扫描，然后自定义保存，以便随时调出来使用。例如这里扫描了一块花朵图案面料和一块细条纹面料。（图2-53）

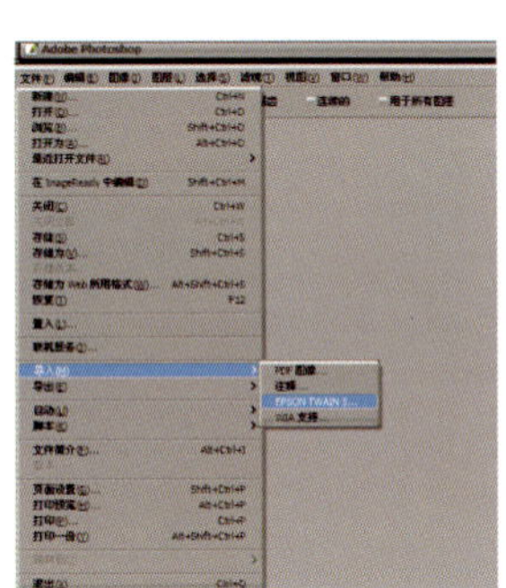

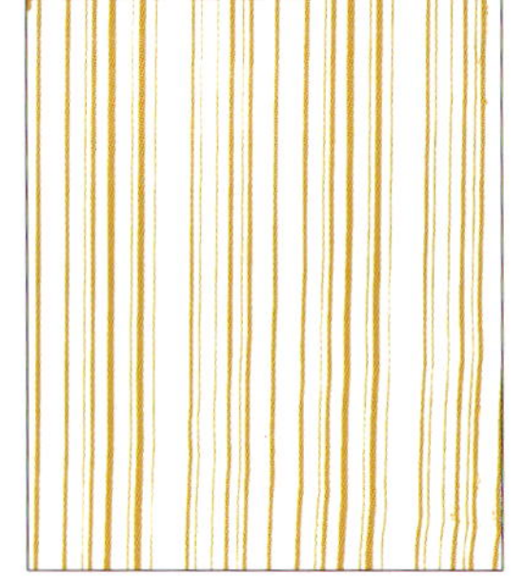

图2-53

（1）印花面料的填充步骤如下。

1）打开刚才扫描的花朵面料文件，选择工具箱中的“移动工具”，点按面料文件拖动到线描稿上，按组合键Ctrl+T后自由变换面料大小，直到适合上衣的大小 。（图2-54-1）

图2-54-1

2）进入通道面板，点选上衣通道，显示选区状态后再回到图层面板，在面料所在“图层3”上按Delete键删掉上衣选区外的部分，并在面板上选择“正片叠底”的混合模式即可。（图2-54-2）

3）按照同样的方法给裙子填充条纹面料。（图2-54-3）

图2-54-2

图2-54-3

（2）净色面料的填充步骤如下。

1）按照制作“上衣”选区的方法制作裙子的选区：点按工具箱中的“以快速蒙版模式编辑”按钮，或单击键盘上Q键，点开通道面板，即可看到自动添加的“快速蒙版”；然后选择工具箱中的“画笔工具”进行绘制，涂抹要填充面料的裙子部分，涂抹的地方呈现透明的红色。（图2-55-1）

2）点按工具箱中的“以标准模式编辑”按钮，关闭快速蒙版并返回到原图像。（图2-55-2）

3）执行“选择→反选”命令，这时被涂抹的红色区域显示为选区状态，然后执行“选择→储存选区”命令，在弹出的“储存选区”的对话框中，输入名称“裙子”（图2-55-3）。这时在通道面板中自动新建 “裙子”通道，通道面板缩略图中以白色显示的区域即为裙子选区。

4）回到图层面板，新建图层，定义为“裙子”。设置工具箱色板的前景色为裙子填充的颜色，然后按组合键Alt+Blackspace填充。（图2-55-4）

图2-55-1

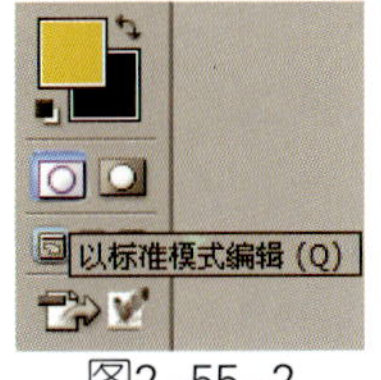

图2-55-2

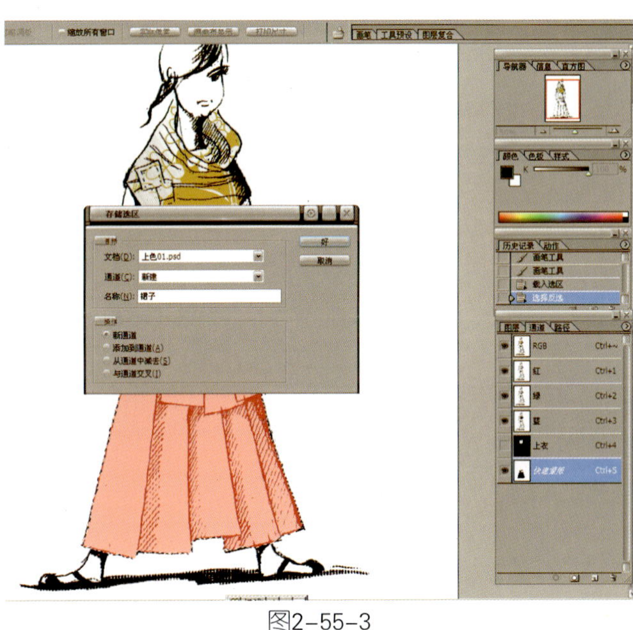

图2-55-3

图2-55-4

（3）模特肌肤及头发的填充具体步骤如下：

1）选择工具箱中的“画笔工具”，在画笔的属性栏中设置所需画笔的主直径和硬度。（图2-56-1）

2）新建一个“图层4”并定义为“肌肤”，设置工具箱色板的前景色为模特的肌肤颜色，用“画笔工具”涂抹上色。（图2-56-2）

图2-56-1

图2-56-2

3）选取工具箱中的“加深工具”，在面部需要加深的部位涂抹，加强面部的立体感（图2-56-3）。同样的方式涂抹身体的其他部位以塑造立体感。（图2-56-4）

4）选取工具箱中的“减淡工具”，涂抹身体部位需要提亮的部分。（图2-56-5）

5）最后完成全身肌肤的调整。（图2-56-6）

图2-56-3

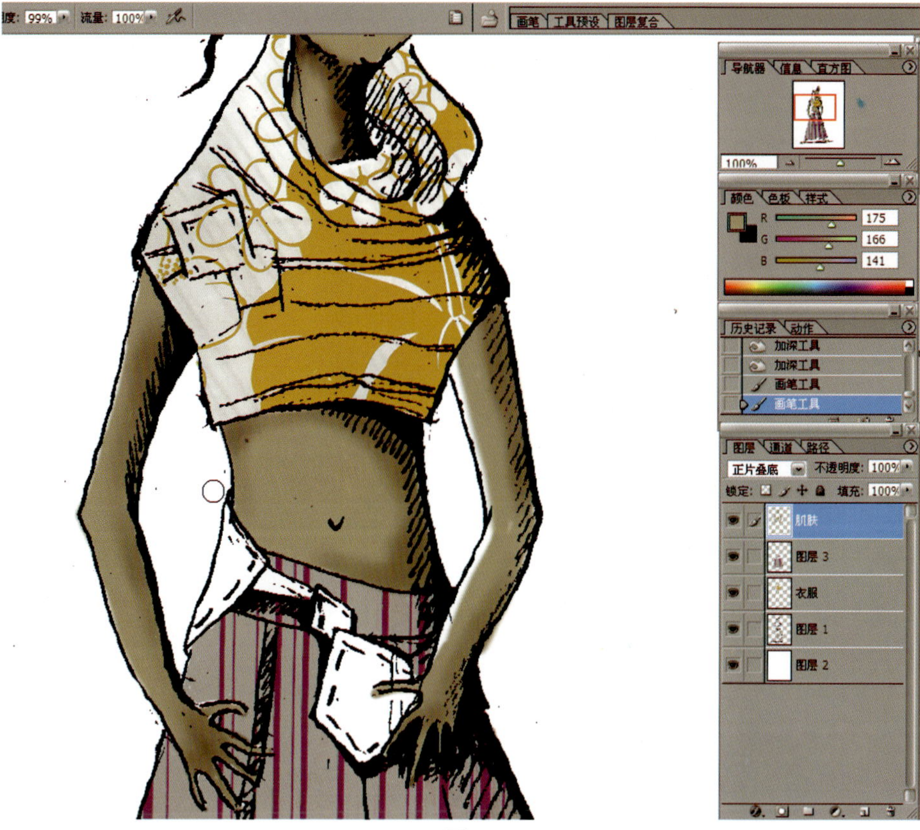

图2-56-4

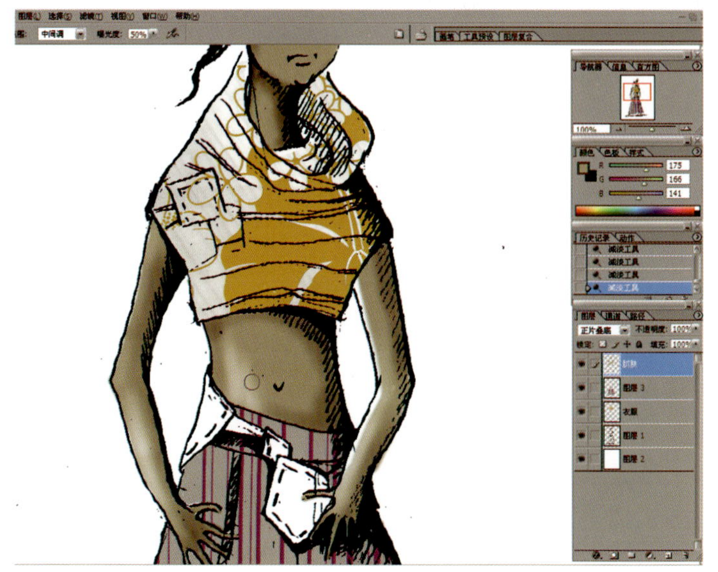

图2-56-5

图2-56-6

（4）更改填充。

整幅线描稿填充完成后，看看哪些地方还需要调整修改，特别是对颜色方面的修改和调整是Photoshop很强大的一项功能。我们可以通过更改每个部分的颜色和图案，尝试多种搭配的形式，这也是电脑绘图很方便的地方。如图2-57所示，更改了裙子的印花面料，搭配净色上衣。如图2-58、图2-59所示，通过执行“图像→调整→色相饱和度”命令，更改头发和裙子的色调，进行不同的色彩组合。

图2-57

图2-58

图2-59

小结

本章通过对图像处理软件Photoshop的学习，了解了Photoshop CS操作界面的组成、菜单工具和图层通道，我们应熟练掌握并灵活运用。

在对面料的绘制中，应掌握几种梭织、针织和皮革等主要面料的表达方法，并能在此基础上举一反三。

在对服装效果图的绘制实例步骤的演示中，讲解了线描稿的绘制和对线描稿的填充，包括颜色的填充和面料的填充。另外，应学会使用三种不同的画笔工具对服装效果图线稿的绘制和三种线稿填充的方法，以及充分运用Photoshop强大的图像色彩调整的功能对效果图进行色彩的整体调整。

第三章 平面设计软件CorelDRAW

CorelDRAW是一个强大的矢量图形的绘制软件，具有矢量图的绘制、位图编辑等多种功能。CorelDRAW的矢量图和我们前面讲的Photoshop的点阵图不同，它的优势在于即使无限放大都仍然很清晰。其最主要的元素是由各种几何形状和曲线构成，所以用CorelDRAW绘制的服装效果图具有很强的平面装饰效果。我们要充分利用CorelDRAW矢量图绘制的特点来辅助我们更好地表达服装的设计，绘制服装的款式和面料。

第一节 CorelDRAW 12的基本知识

当我们启动CorelDRAW 12后，在欢迎窗口中单击“新建”图标选项，就会出现如图3-1所示的绘图操作界面，CorelDRAW 12所有的绘图工作都是在这里完成的，下面我们来熟悉一下这个操作界面。

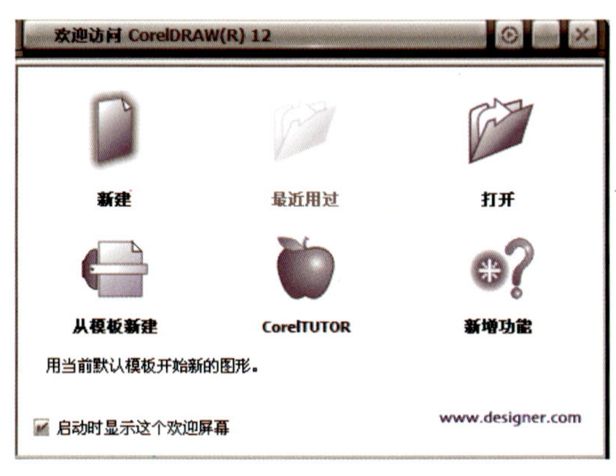

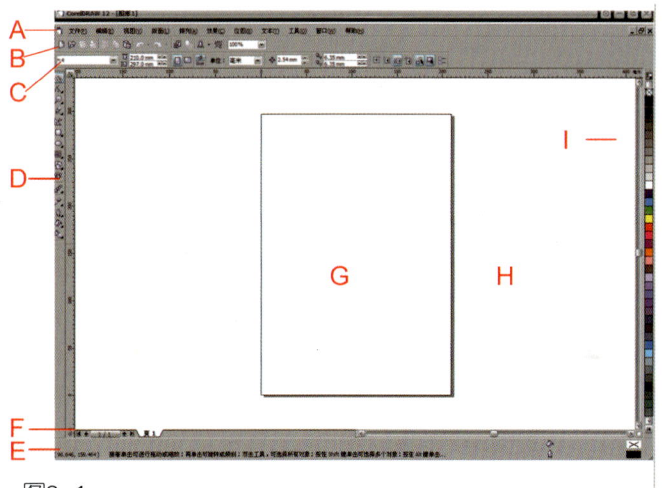

图3-1

A. 菜单栏：菜单栏中包括文件、编辑、视图、版面等11个不同功能的菜单。每一项菜单都具备不同的功能，在每个下拉菜单中列出了多种相关命令，CorelDRAW 12的主要功能都可以通过执行菜单栏中的命令选项来完成。特别是菜单栏“窗口”中“泊坞窗口”包含了：对象属性控制面板、变换控制面板、形状控制面板、颜色样式控制面板、图形和文本样式控制面板等多个不同类型及功能的控制面板。通过对其中选项的设置，能帮助我们有效地利用界面空间和快捷的操作。（图3-2）

B. 常用工具栏：常用工具栏上放置了最常用的一些功能选项，并通过命令按钮的形式体现出来。

C. 属性栏：属性栏中显示了操作中的对象和使用工具时的相关属性，在没有选中任何对象时，属性栏中提供了当前页面的大小、纸张的横竖向、版面布局等信息。

D. 工具箱：在工具箱中放置了经常使用的编辑工具，其位置可以任意拖动。

E. 状态栏：在状态栏中显示当前工作状态的相关信息，如：工具使用状态提示及鼠标坐标位置等信息。

F. 导航器：导航器中显示当前文件的页码和总页码，单击页面标签来选择需要的页面。

G. 绘图页面：绘图页面是用于绘制图形的区域。

H. 工作区：在绘图过程中，可以与绘图页面共同进行绘图，或相当于剪贴板使用，用来存放图形。

I. 调色板：利用调色板可以快速地选择轮廓色和填充色。

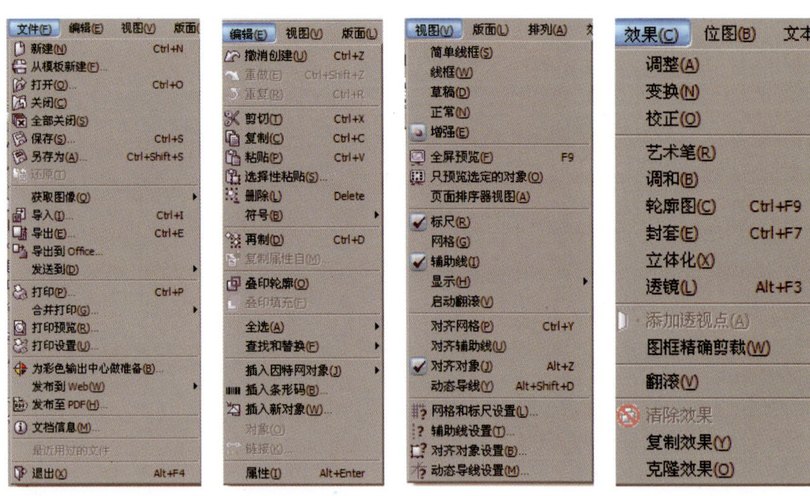

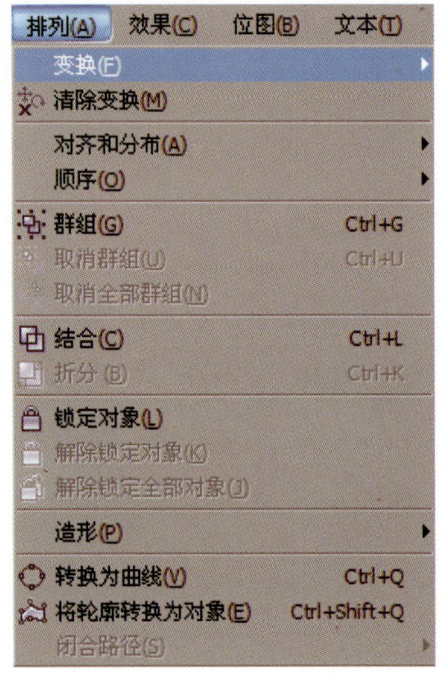

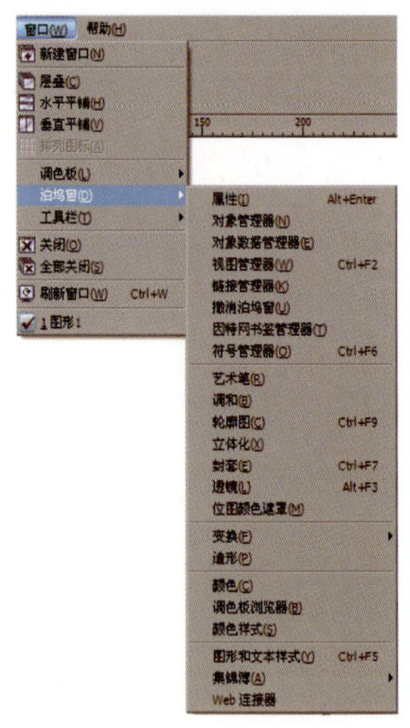

图3-2

第二节　常用绘图工具的使用介绍

CorelDRAW 12为我们提供了一整套的工具，利用工具箱里这些工具可以快捷轻松地绘制出各种各样的图形、编辑处理图形文档等。（图3-3）

由于CorelDRAW矢量图形最主要的元素是由各种几何形状和曲线构成，那么，绘制和编辑这些几何形状和曲线是CorelDRAW绘图中最基本的操作。CorelDRAW 12提供了一系列工具用来绘制各种几何形状和曲线。我们这里介绍几个主要工具的使用方法，以及如何使用这些工具绘制和编辑矢量图形。

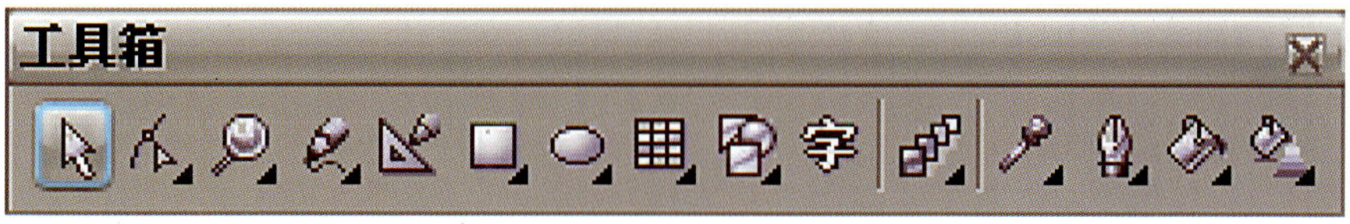

图3-3

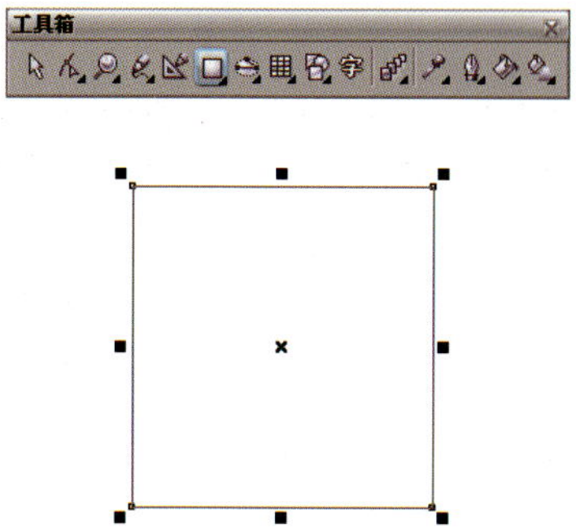

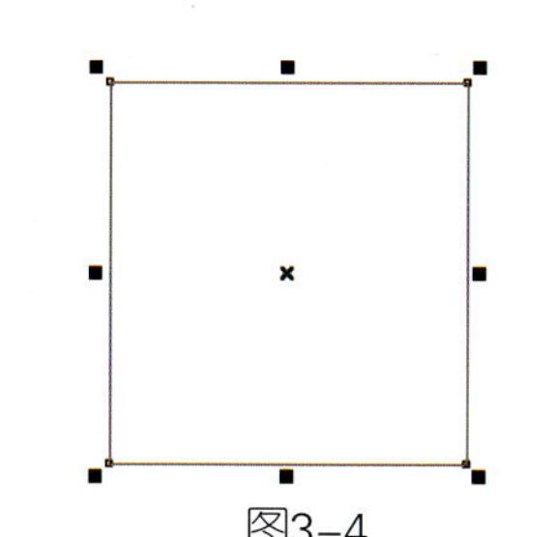
图3-4

一、几何图形绘制工具介绍

在我们绘制的图形对象中，有很大一部分是由几何图形组成的，其中矩形、椭圆和多边形是各种复杂图形的最基本的元素。

1. “矩形工具”

绘制矩形和正方形图形。按住Ctrl 键拖动鼠标，可绘制出正方形（图3-4）。使用矩形工具绘制矩形或正方形后， 在属性栏中则会显示出所画图形对象的属性参数，通过改变属性栏中的相关参数设置，可以精确地创建矩形或正方形。（图3-5）

在A框中可以设置该矩形中心点位置的坐标值；

在B框中可以设置该矩形长、宽尺寸值；

在C框中可以设置该矩形长、宽比例值；

在D、E框中可以设置该矩形的旋转角度值；

在F框中可以设置该矩形的圆角度数；

在J下拉选项框中，可以设置该矩形边线线条的宽度。

2. “椭圆工具”

使用椭圆工具可以绘制出椭圆、正圆、饼形和圆弧图形（图3-6）。椭圆工具属性栏中的设置方法同矩形工具属性栏的设置相似（图3-7）。其中不同的是，在E栏中切换不同的按钮，可以绘制出椭圆形、圆形、饼形或圆弧；在F框中设置饼形或圆弧的起止角度，可以得到不同的饼形或圆弧。

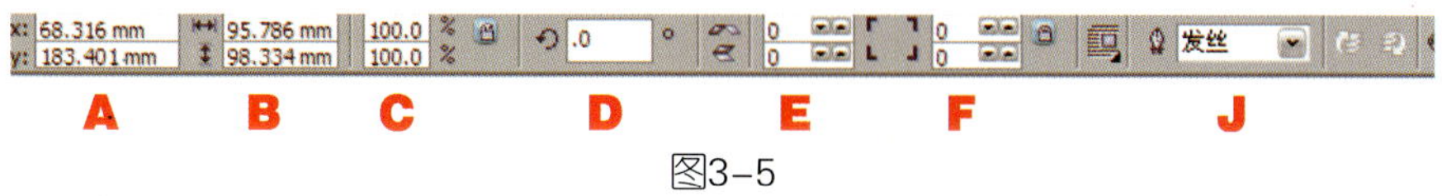

图3-5

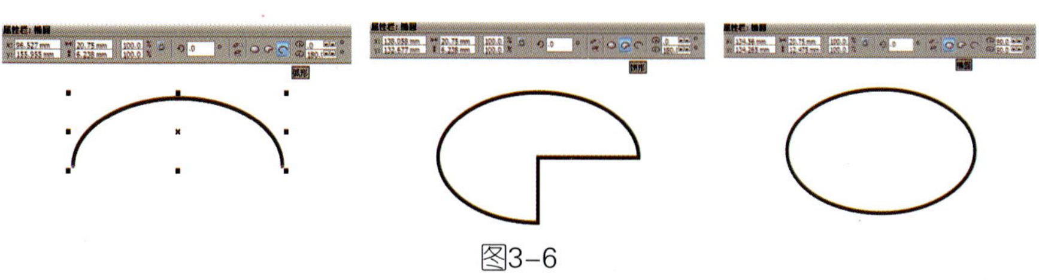
图3-6

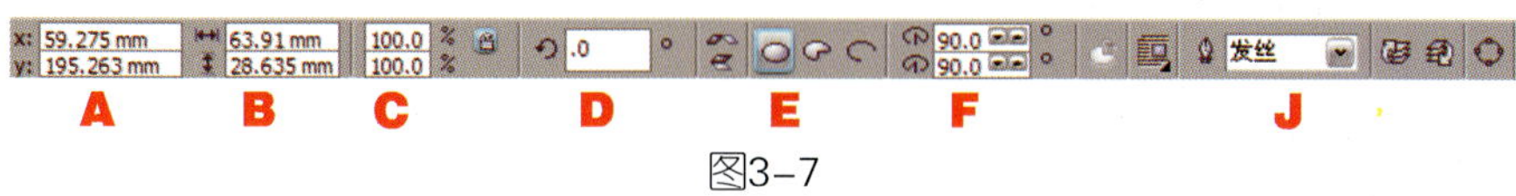

图3-7

3. “多边形工具”

使用多边形工具可以绘制出多边形、星形和多边星形图形。多边形工具的属性栏中的其他选项同矩形工具属性栏的设置方式相似，在这里就不再赘述了。（图3-8）

选中多边形工具后，在属性栏上选定多边形或星形按钮来设置图形的外观属性。另外，设置和更改多边形的边数或星形的角数，可以得到不同的多边形或多角星。（图3–9）

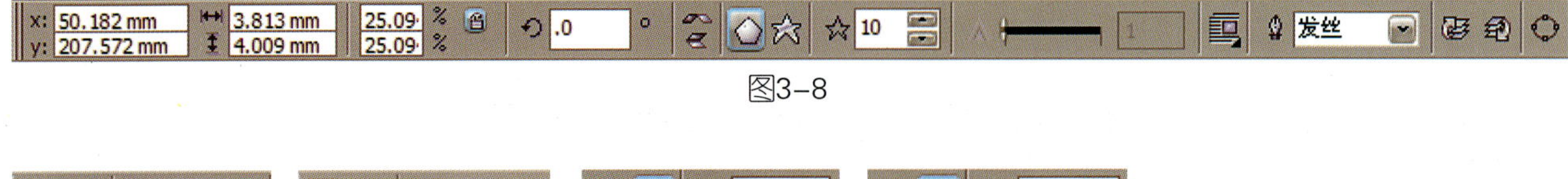

图3–8

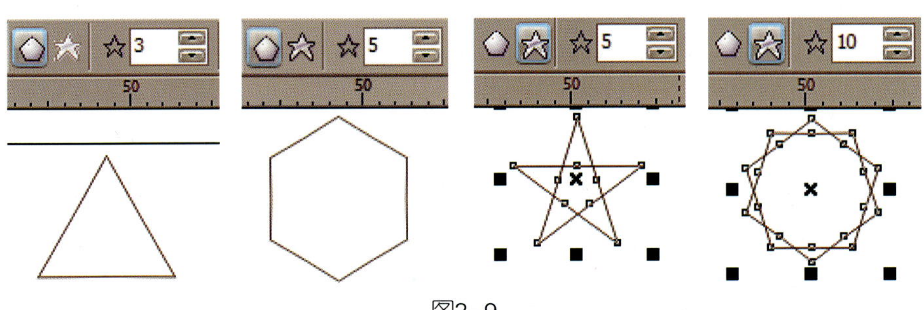

图3–9

4.“**螺旋线工具**”

螺旋线是一种特殊的曲线。利用“螺旋线工具”可以绘制“对称式螺旋线”和“对数式螺旋线”（图3–10）。其具体操作方法如下：

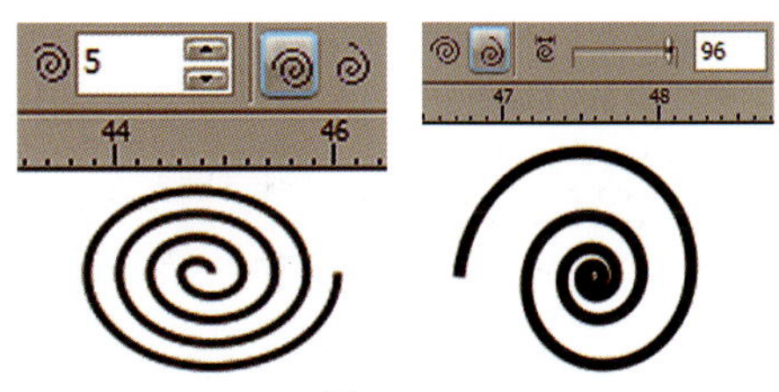

图3–10

选择“螺旋线工具”后在螺旋线工具属性栏中设置螺旋线的圈数值，并选择“对称式螺旋线”或“对数式螺旋线”。然后，在绘图页面上拖动鼠标绘制出设定的螺旋线图形。如果选中“对数式螺旋线”，还需在栏中设置螺旋扩张的速度值。当对数螺旋的扩张速度为1时，即同于对称螺旋，也就是螺旋线的间距相等。

5.“**图纸工具**”

图纸工具主要用于绘制网格，也可以帮助我们精确绘制图形。先从工具箱中多边形工具的扩展菜单中选择“图纸工具”，再在图纸工具属性栏中的框中设置纵、横方向的网格数，最后在绘图页面中拖动鼠标绘制网格图形。（图3–11）

二、线段及曲线绘制工具介绍

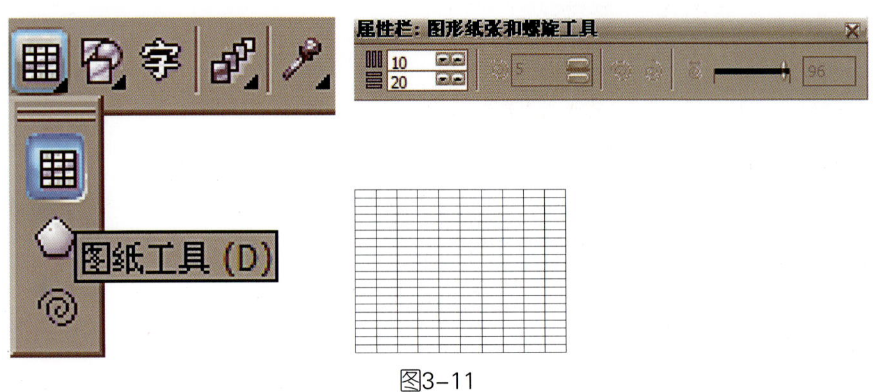

图3–11

在我们绘制的图形对象中，特别是服装效果图的绘制和面料的图案设计，除了基本的几何形外，更多的是由许多的不规则的形状组成，而这些不规则的形状就要通过线段或曲线绘制。CorelDRAW 12在其工具箱中提供了多种用于绘制线段及曲线的工具，下面我们来学习几种常用的工具。

1. “手绘工具”：

手绘工具实际上就是使用鼠标在绘图页面上直接绘制直线或曲线的一种工具。它的使用方法如下：

（1）从工具箱中选择手绘工具后，鼠标箭头将会变成右下角带波浪形的十字形状，表明此时可以开始直线的绘制。

（2）在绘图页面中单击鼠标，作为直线的起点。

（3）将鼠标移动到要绘制直线的终点处，单击鼠标，完成直线的绘制。

（4）在绘图页面中，同时按住鼠标左键不放可以绘制任意曲线，曲线绘制完成后释放鼠标即可。

（5）连续绘制曲线，回到起点位置后，单击鼠标完成一个封闭区域的绘制。按住 Ctrl键不放，可以水平地绘制直线。

当然，如果使用压感笔在绘图板上操作更自如，就像在纸上绘图一样。另外，配合其属性栏的设置，我们可以绘制出各种粗细、线型的直线或曲线以及箭头符号。另外，在属性栏的下拉选栏中可以设置起点箭头类型、线段类型、终点箭头类型及线段的粗细；在滑块栏中可调节曲线的平滑程度等。（图3–12）

2. “艺术媒体工具”

艺术媒体工具是一种具有多种宽度及形状的特殊的画笔工具，可以创建具有特殊艺术效果的线段或图案。在艺术媒体工具的属性栏中，提供了5个功能各异的笔形按钮及其功能选项设置。

（1）“预置”按钮。此选项用于预置艺术媒体笔的形状。在滑块栏中设置画笔笔触的平滑程度；在选项栏中设置画笔笔触的宽度；在下拉列表栏中选择多达23种画笔的形状。（图3–13）

（2）“笔刷”按钮。按下此按钮后，能使我们在绘制具有特定样式的彩

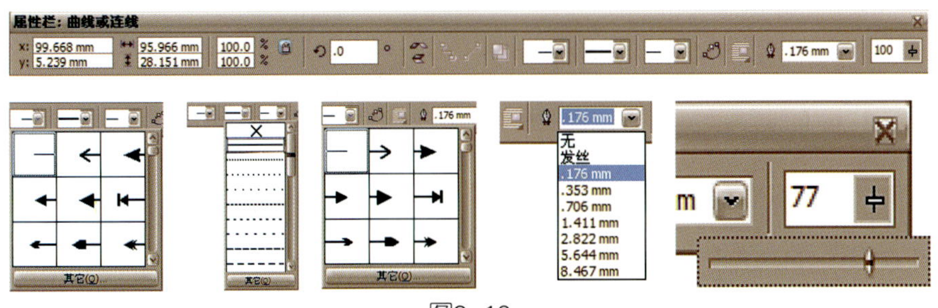

图3–12

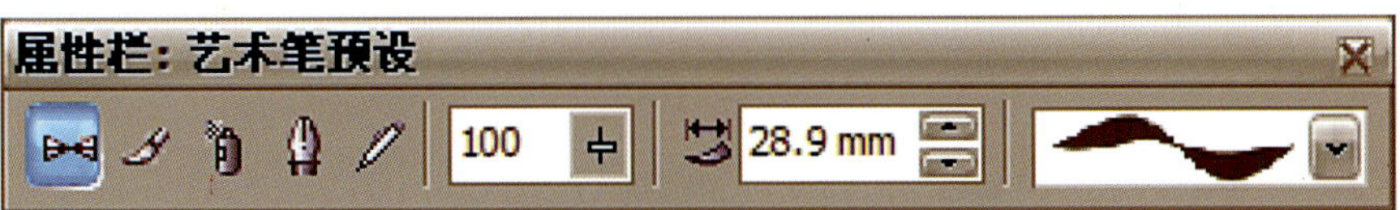

图3–13

色线条时，变得极为方便、快捷。在下拉列表栏中有多种笔刷样式可供选择，另外还可以调入其他的笔刷样式。（图3-14）

（3）“喷笔”按钮。选择此按钮可以在绘制过的地方喷涂所选择的图案。在下拉列表栏中选择喷笔的图案；在属性栏中可以设置喷笔图案的尺寸大小；在列选栏中选择喷绘方式为任意、连续或按方向；另外，可将已选定的图案添加到喷笔图案列表中，也可以编辑喷笔图案列表以及调整被喷绘图案的涂抹数量和间距。（图3-15）

（4）“书法笔”按钮。选择此按钮产生的这种笔形与书法线条相似。我们可以在属性栏中调整笔形轮廓的显示角度，从而得到满意的线条效果。（图3-16）

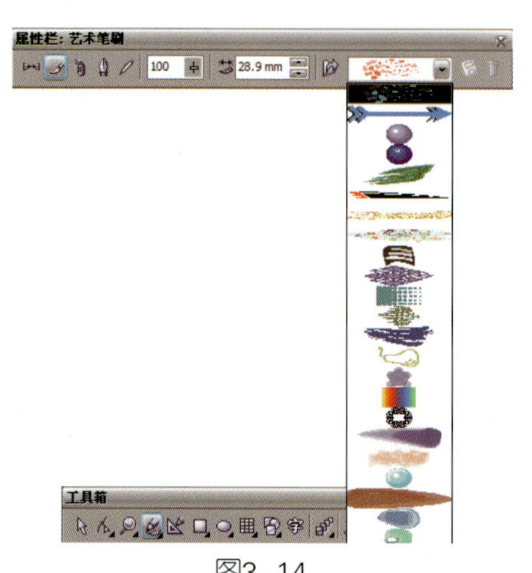

图3-14

图3-15

（5）“压感笔”按钮。选择此按钮后，我们可以使用压感笔绘制图形，当压力增大时，线条的宽度就增加，也可以在栏中设定线条的最大宽度。该设置在使用鼠标时无效。（图3-17）

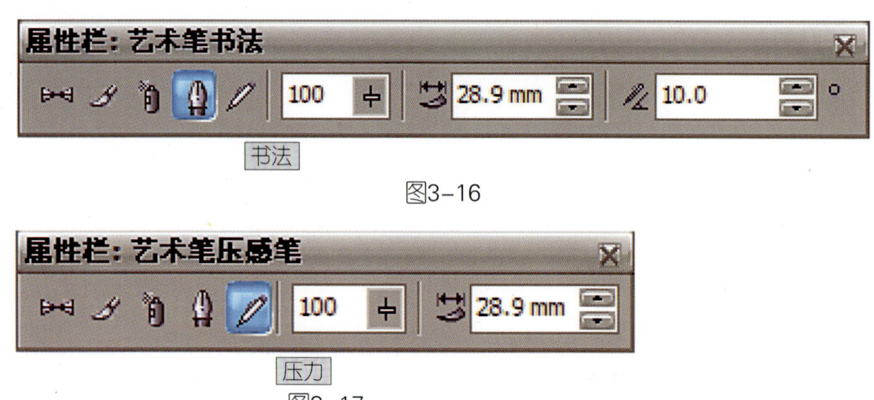

图3-16

图3-17

第三节　常用图形编辑命令

在CorelDRAW中，使用各种绘图工具绘制出几何形或曲线，只是完成了绘图的第一步，想要得到精美的图形，特别是对服装效果图中模特和服装款式的绘制，还得对绘制出来的曲线进行进一步的修饰和调整。要对图形或线段进行编辑，最基本的操作就是选取要进行操作的对象。下面我们来学习如何选取、编辑和填充对象。

一、选取对象

要对对象进行编辑，首先要对其进行选取。点击“选取工具”，通过点选、圈选使对象呈选取状态时，在对象的中心有一个“×”形，四周有8个黑色的小方框，点击任何一个方块可以改变对象的形状及大小。再次单击此对象时，四周黑色方块变成了双向箭头，此时调节可以旋转及倾斜对象。（图3–18）

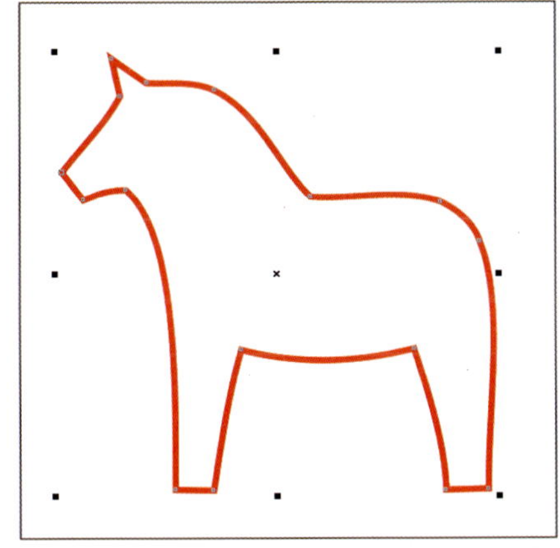
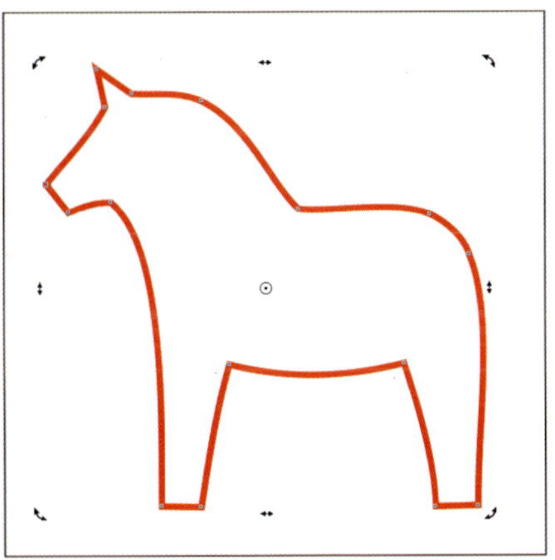

图3–18

二、编辑对象

选取了对象后，我们就可以选择“形状工具”对图形进行编辑，由于CorelDRAW绘制的是矢量图，而矢量图的形状是由节点控制的，主要通过控制节点来改变图形的形状。这也是我们运用CorelDRAW绘制服装效果图很重要也必需的一项操作命令。

1. 关于节点

我们要使用节点对图形进行编辑，就要了解节点的类型以及其他与节点有关的点。

（1）控制点。通过移动节点和调节节点的控制点，可以改变曲线的形状。（图3–19）

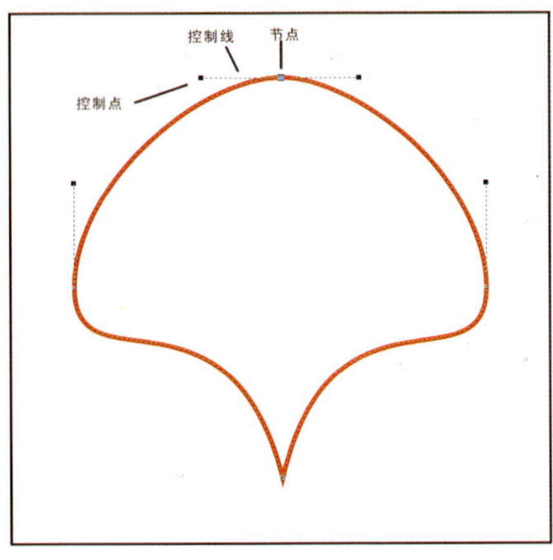

图3–19

（2）节点的类型。在CorelDRAW中，使用形状工具选中曲线的节点后，还可以通过单击其属性栏中的“尖突节点”、“平滑节点”和“对称节点”按钮，来更改该节点的属性。根据具体情况转换节点类型有利于对象形状的调整。节点包括以下三种类型（图3-20）：

1）“尖突节点”：尖突节点的控制点是独立的，移动一个控制点，另外一个控制点并不移动，此节点用于改变节点一侧的线段形状，而不影响另一侧。

2）“平滑节点”：平滑节点有两个位于同一条直线上的控制点，移动一个控制点时，另外一个控制点也将随之移动。调节平滑节点可以生成平滑的曲线。

3）“对称节点”：对称节点也有两个位于同一条直线上的、到节点距离相同的控制点。移动其中一个控制点时，另一个控制点也会发生移动，并保持两个控制点在同一直线上且到节点的距离相等，使平滑节点两边的曲线的曲率相同。

2. 节点的操作

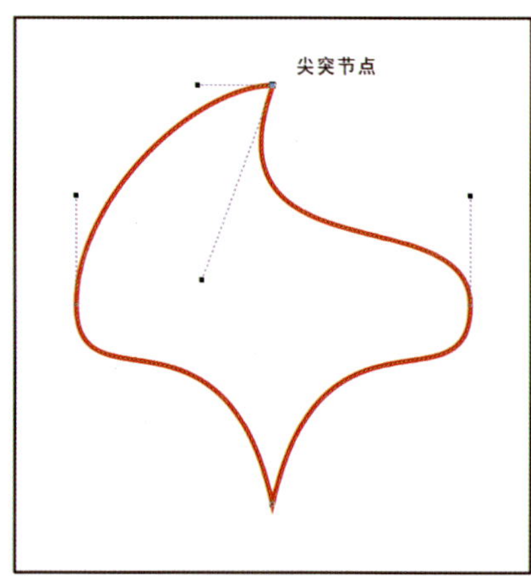

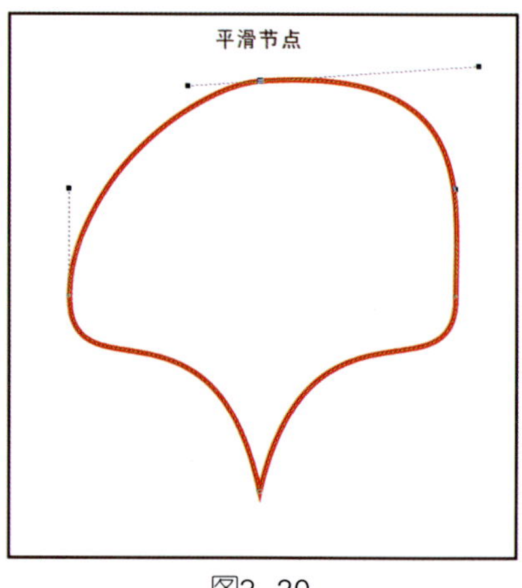

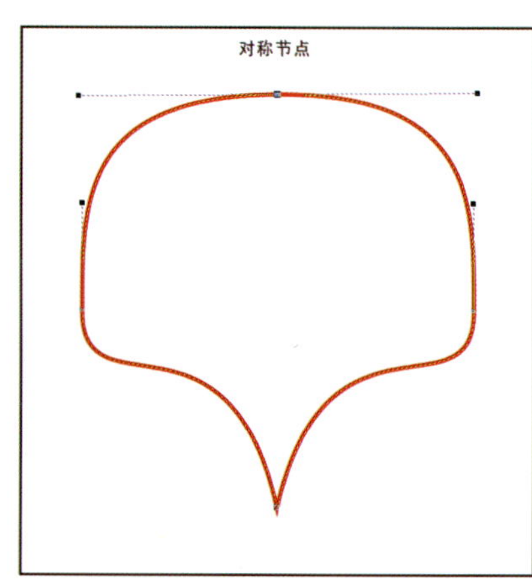

图3-20

在绘图中利用形状工具改变曲线的属性和形状，无论是将直线转换为曲线、或是将曲线转换为直线等操作实际上都是对节点进行的操作。

选择“形状工具”，单击编辑对象，其属性栏中提供了若干设置节点属性的功能选项，熟练地应用它们，能方便快捷地编辑图形对象。（图3-21）

下面分组对属性栏中各个按钮的功能进行介绍：

图3-21

（1）“添加/删除节点”。“添加节点”用于在选定的位置上添加节点。使用“形状工具”单击确定欲添加节点的位置后，单击“添加节点”按钮，即可完成节点的添加。“删除节点”用于删除选定的节点。使用“形状工具”选定欲删除的节点后，单击“删除节点”按钮，即可完成节点的删除。（图3-22）

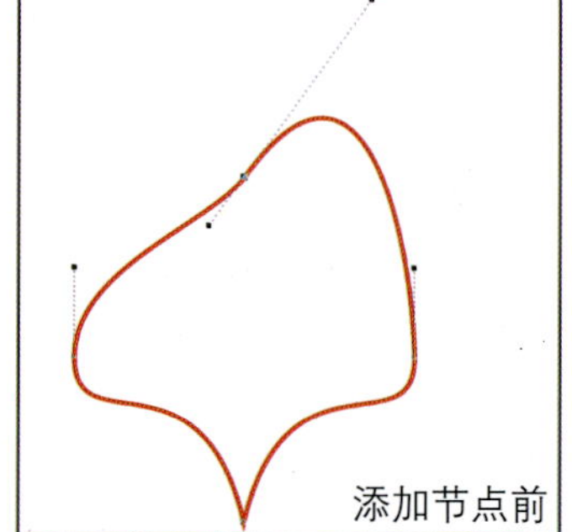

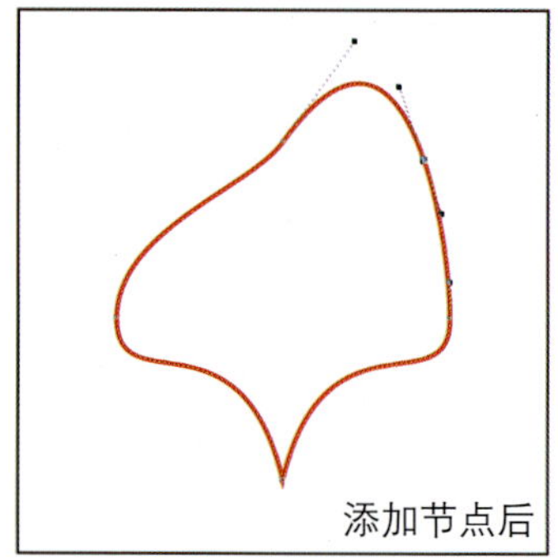

图3-22

另外有一种更快捷的添加/删除节点的方式，选用“形状工具”后，在轮廓曲线上双击，即可添加新的节点；在节点上双击，即可删除该节点。

（2）“断开曲线/连接节点”。

1）“断开曲线”用于在所选节点处将曲线断开。先单击曲线上欲断开的节点，单击“断开曲线”按钮，即完成曲线的断开。（图3-23）

2）“连接节点”用于将选定的两个节点合并在一起。拖动鼠标，将要合并的两个节点圈选，单击“连接节点”即完成节点的连接。（图3-24）

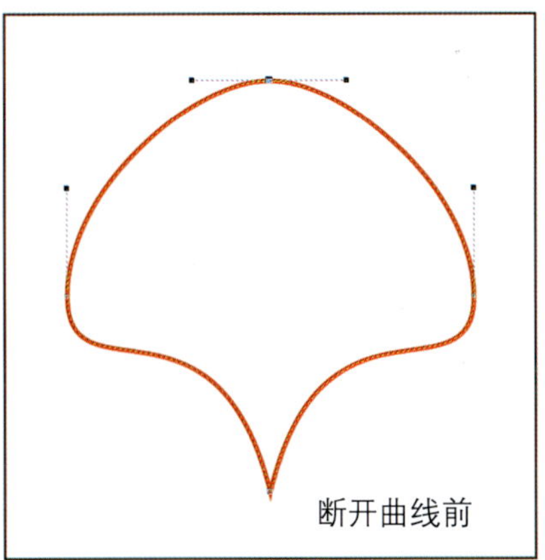

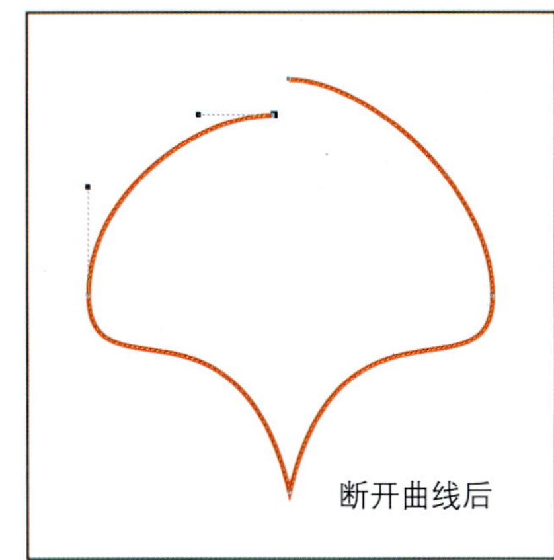

图3-23

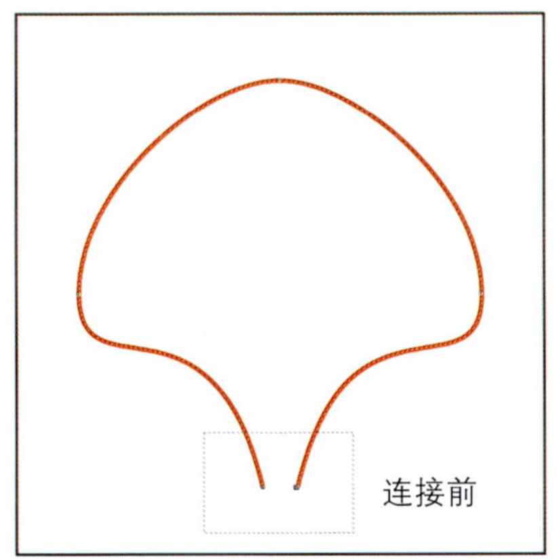

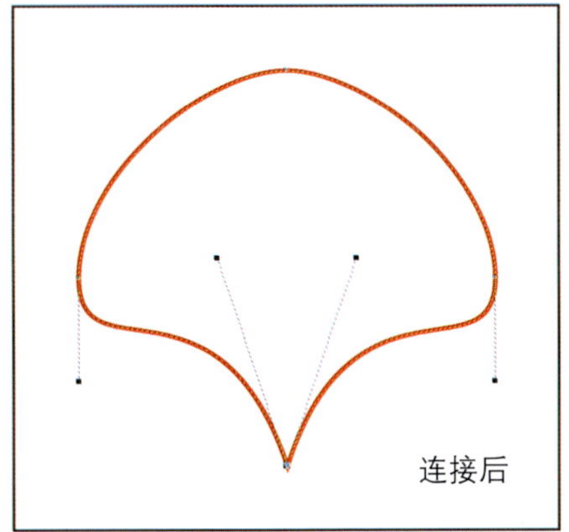

图3-24

在对图形的编辑中，除了直接运用节点来编辑更多的图形轮廓外，我们还可以利用“刻刀工具”、“橡皮擦工具”、“交互式变形工具”和“安排→造型”中的“焊接”、“修整、“相交”命令等迅速绘制出具有复杂轮廓的图形对象，比如面料的花形图案。这些工具的使用我们会在本章第四节中结合实例讲解。

三、填充对象

图形编辑完后，我们就可以对图形进行填充了。在CorelDRAW中，我们可以对对象填充同样丰富多彩的效果。但需注意的是在CorelDRAW中填充的图形一定是封闭的图形。（图3-25）

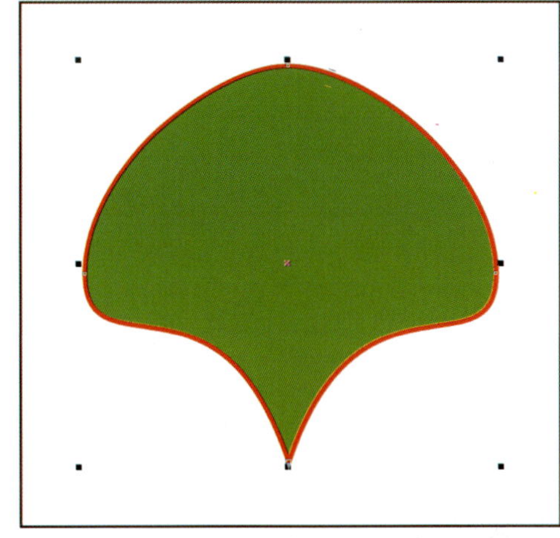

图3-25

在这里我们介绍一下最基本的填充操作：首先，选中需要填充的对象；然后，在工作区的右侧调色板中单击选中的色彩，即可为选定的对象填充颜色，单击鼠标右键，即可为该图形的边线填充颜色。（图3-26）

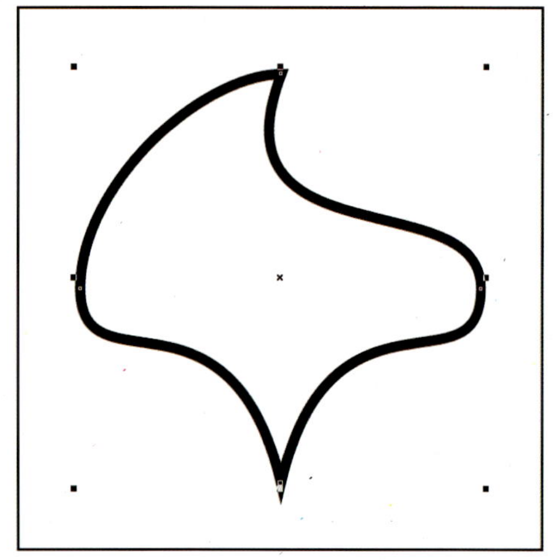

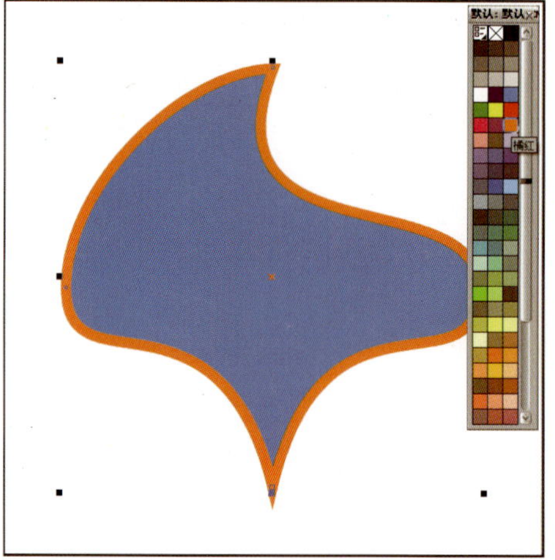

图3-26

此外，如图3-27中所示，在工具箱的“填充工具”中，还给我们提供了很多种填充方式：“填充色彩”、“渐变填充”、“图案填充”、“底纹填充”等，特别是运用“交互式网状填充”工具，可以给服装填充层次更加丰富的色彩。这些工具的使用方法我们会在本章第五节中结合服装效果图的绘制实例给大家演示和讲解。

图3－27

通过以上的学习，我们掌握了Coreldraw的绘图工具和强大的图形编辑命令，结合矢量图形的特点，提供给我们另一种很好的数码服装设计的表达方法，特别是对于几何形图案的面料设计、服装款式设计和绘制等。

第四节　面料图案的设计、绘制及填充

在对服装效果图的填充中，可以扫描现有的面料进行填充，但更多时候需要我们自己来绘制面料。CorelDRAW其强大的图形编辑功能能方便我们进行面料的花形图案的设计，色彩的搭配组合等。

一、单位面料图案的设计和绘制

对于面料的图案，除了可以用钢笔工具和手绘工具直接绘制外，我们还可以充分运用工具箱中的“交互式变形工具”对简单的几何形进行变形，得到更多意外而随意的图形。下面我们以正方形的变形为例：

（1）选择矩形工具绘制正方形，再选用工具箱中的“交互式变形工具”，选择属性栏上的“推拉变形”按钮。按住鼠标左键向左拉形成往外凸的图形，向右拉则形成向里凹的变形。（图3-28）

（2）如果在属性栏上选择“拉链变形”，同样按住鼠标左键向外拉，可将正方形变形成锯齿状图形。（图3-29）

（3）还可以选择属性栏上的“扭曲变形”，同样按住鼠标左键向外拉，可将正方形变形成扭曲火焰状图形，拉动变换鼠标角度，可以增加扭曲的程度。（图3-30）

运用这些交互式变形工具，我们可以将简单的几何形做多种图形的变形，得到更多新的图形，如图3-31所示的正方形的几种变形、椭圆形的几种变形、五边形的几种变形。

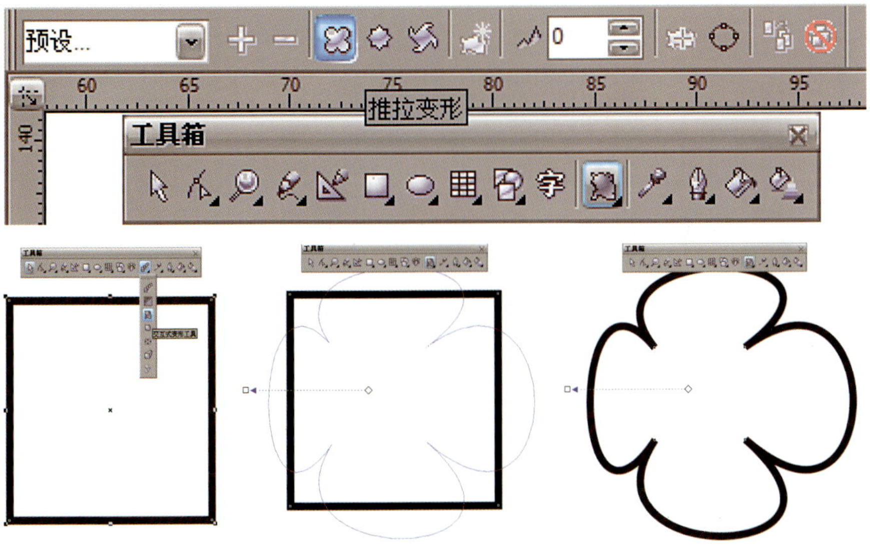

图3-28

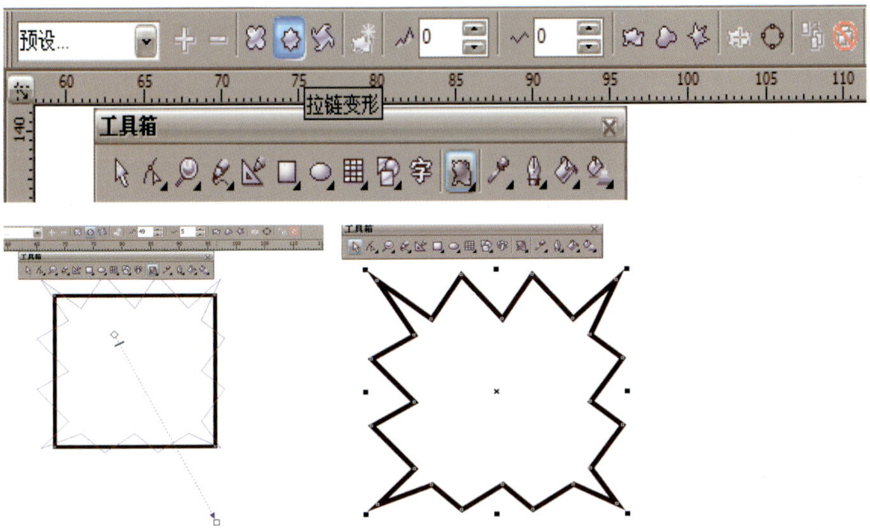

图3-29

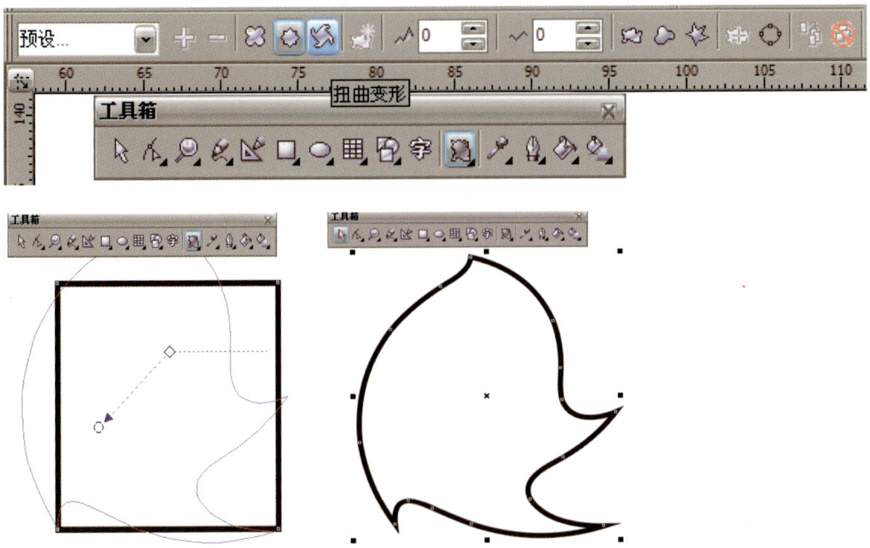

图3-30

图3-31

二、花纹面料的绘制

我们可以利用已绘制好的图形作为一个基本的纹样，对其进行复制、放大缩小、排列组合等，设计花纹面料并进行多种色彩的搭配。（图3-32）

图3－32

三、条纹面料的绘制

先绘制一个正方形，再在上面绘制竖长条状的矩形作为条纹单位，然后填充条纹的颜色，按住Ctrl键平行拖动此条纹并到适当的位置后，单击右键，松开左键即复制了一条条纹。另外，拉动左右两边的小黑块调整条纹的宽细。（图3-33）

照此方法继续复制，调整条纹的间距和宽细，最后填充面料底色完成。根据自己的需要，在此基础上改变底色和条纹的颜色，就可以得到一块新的条纹面料了。（图3-34）

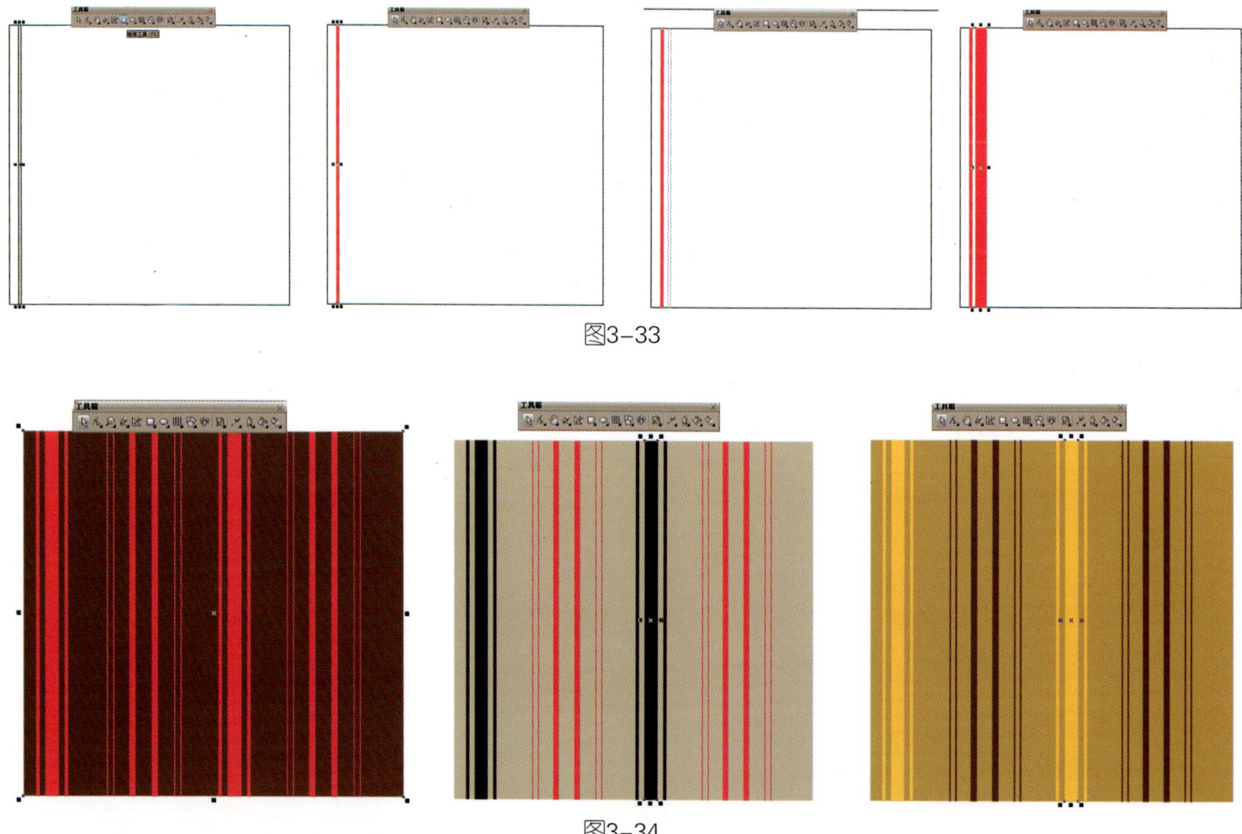
图3-33

图3-34

四、圆点面料的绘制

先绘制一个正方形，并在上面绘制一个圆点，按一定的间距复制此圆点。再选中一排圆点进行整体在垂直方向上复制；根据设计调整第二排圆点的大小并通过复制进行添加来绘制出大大小小的圆点组合。这样反复复制一组图案就得到一块圆点图案的面料。另外，调整大小圆点排列的顺序和方式还可以得到新的圆点图案面料。（图3-35）

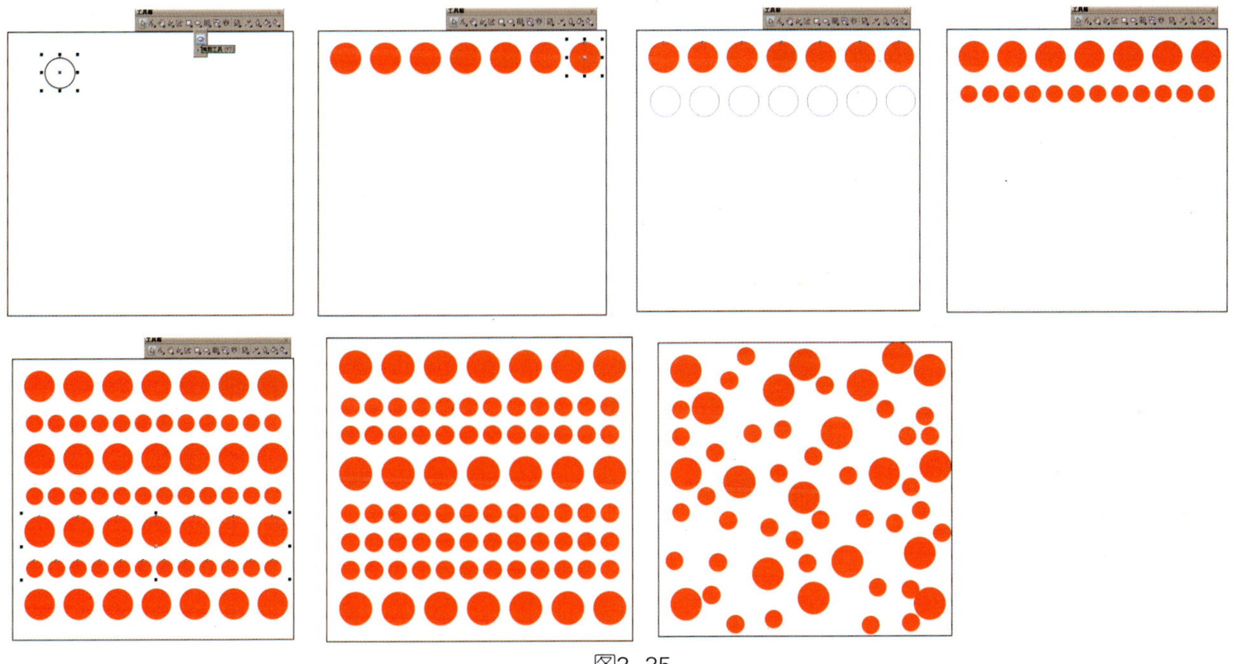

图3-35

五、面料的填充

我们前面讲过可以用图样填充工具填充扫描的位图格式的面料图案；那如果我们要将在CorelDRAW中绘制好的面料图案填充到服装里，有两种方法可以采用：一是将所画的面料图导出保存为位图格式进行填充；另一种方法是直接选中绘制好的面料，执行“效果→图框精确裁剪→放置在容器中”，再点击画好的服装款式图，完成面料的填充。（图3-36）

图3-36

六、服装上局部图案的拼贴

服装设计中，很多时候要在服装上进行局部图案的拼贴，这需要将画好的图案按照服装的外轮廓进行修剪拼贴，这时要通过执行“造型”命令来完成。先将图形移至服装要拼贴的位置；执行“窗口→泊坞窗→造型”命令；

打开造型面板，选择“相交”，保留“来源对象”；选中对象服装，点击“相交”按钮，再点击要拼贴的花形图案，服装上图案的修剪拼贴完成。（图3–37）

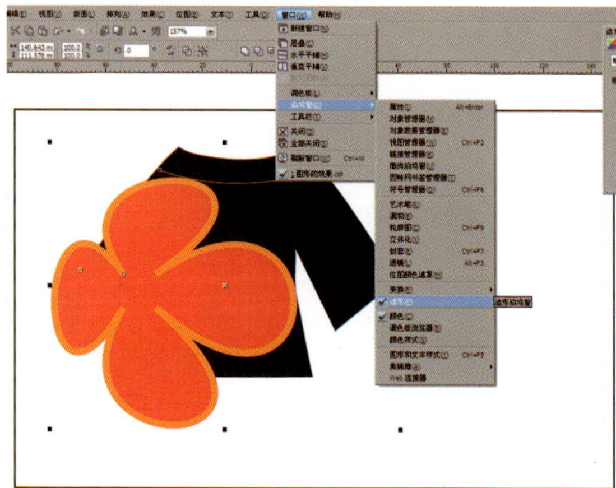

图3–37

第五节 服装效果图绘制实例步骤演示

简单地说，CorelDRAW绘制服装效果图的步骤同传统手绘效果图是一样的，即先绘制好铅笔稿再进行着色。在关于轮廓线的绘制中，我们要用到钢笔工具和手绘工具绘制雏形，用形状工具对节点的调节来编辑模特和服装的外形，再对其进行色彩和面料的填充。

一、模特的绘制和填充

1. 模特脸型的绘制

对于像面部这样的外轮廓，我们可以先画一个相近的几何形，再用形状工具编辑，具体绘制步骤如下：

（1）选取工具箱中的“椭圆工具”，画出一个面部大小的椭圆。（图3–38–1）

（2）选中椭圆，单击右键，选择“转换为曲线”，将几何形转换为曲线图形，这样就可以进行节点的编辑了。（图3–38–2）

（3）选取工具箱中的“形状工具”。选中要编辑的某一节点，根据图形编辑的需要变换节点类型。例如运用尖突节点来绘制面部下颌处轮廓，就根据面部的造型，在需要添加节点的轮廓线上，双击即加一节点，拖动控制点绘制，在要删除的节点上双击即减去一个节点（图3-38-3）。这样，在模特面部的轮廓画好后，我们开始绘制模特的身体的部分。

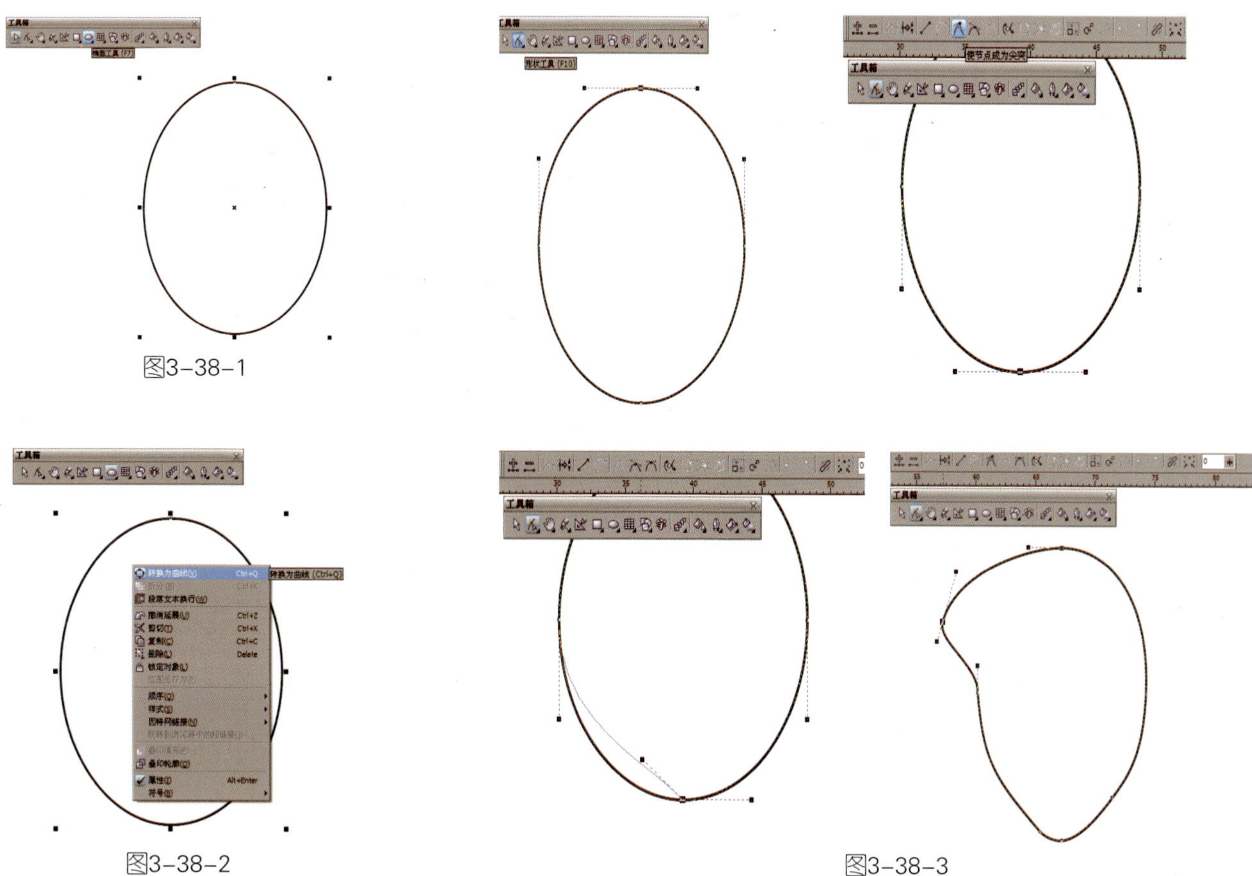

图3-38-1

图3-38-2

图3-38-3

2. 模特身体姿势的绘制

根据服装款式设计的需要绘制模特的造型，我们可以直接选用“钢笔工具”进行绘制。具体绘制步骤如下：

（1）拖动控制点绘制曲线完成大致造型，最后回到起始点封闭曲线轮廓，以便上色。（图3-39-1）

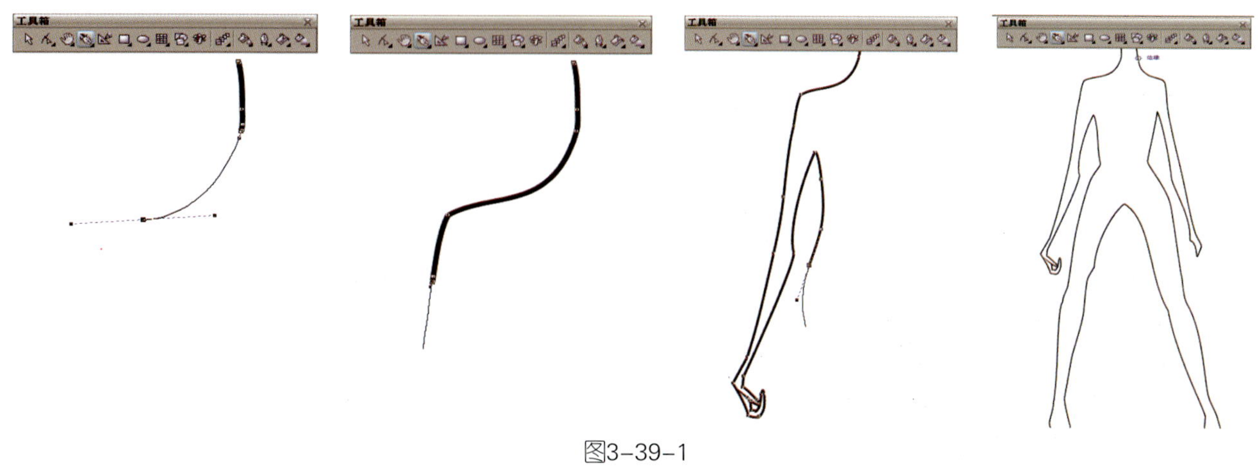

图3-39-1

（2）选用“形状工具”，通过节点的编辑对绘制的图形进行细部的调整，如手部的造型调整等。（图3–39–2）

（3）完成模特整个身体的轮廓绘制后，组合好面部和身体的轮廓，我们就可以对其进行着色了。选中面部和身体两个图形后，打开填充对话框，移动色彩框中的小方块选择皮肤的颜色，或直接输入CMYK的数值进行颜色设定。（图3–39–3）

（4）基色填充好后，在轮廓颜色对话框中选择较深的颜色对外轮廓进行填充。当然也可以直接在调色板上选择好颜色,分别点按鼠标左右键来完成对图形和外轮廓的填充。（图3–39–4）

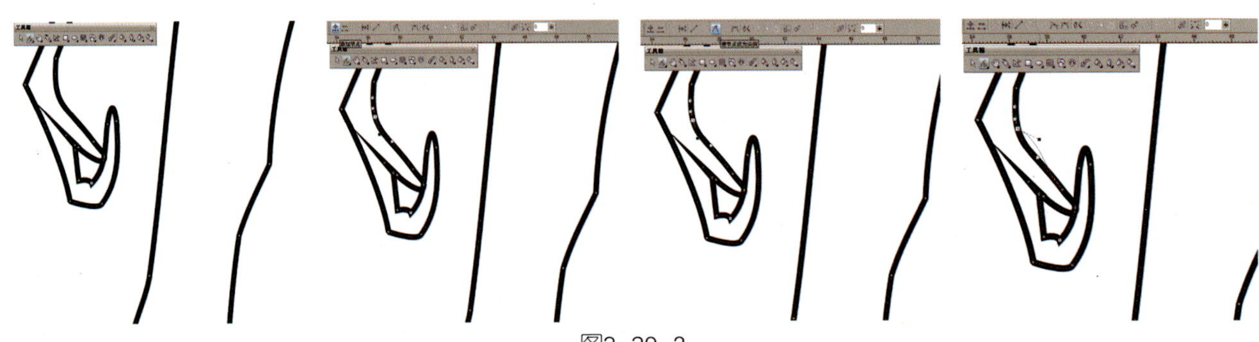

图3–39–2

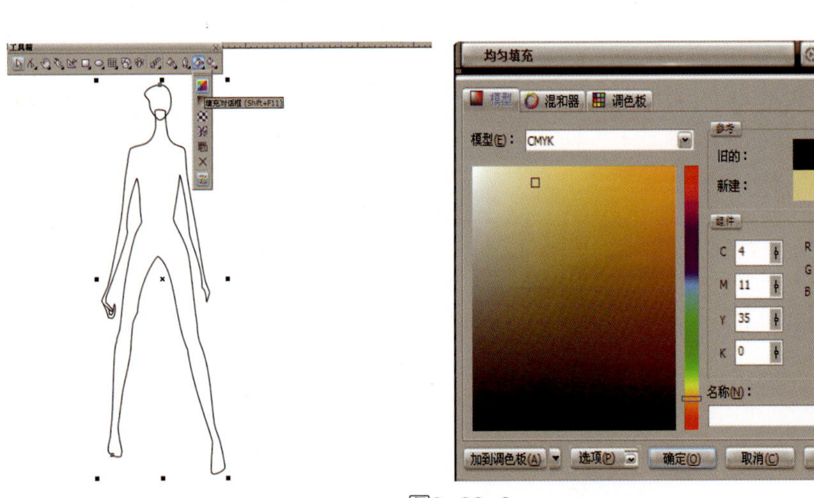

图3–39–3

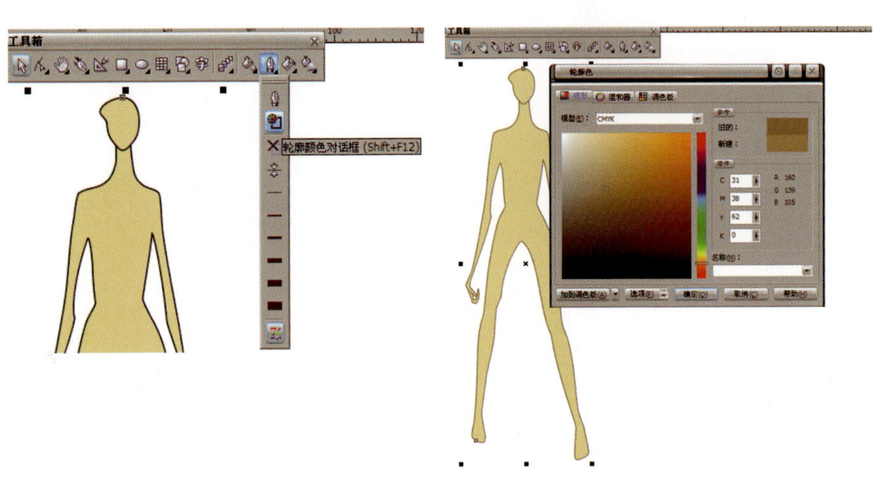

图3–39–4

3. 模特五官的绘制

模特身体的外轮廓画好后，接着绘制细部的五官造型。具体绘制步骤如下：

（1）选用“钢笔工具”绘制眉毛、眼睛、睫毛，用椭圆工具绘制眼珠，填充黑色。再双击要调整的部分，旋转对象以调整其倾斜角度。（图3-40-1）

（2）眼睛轮廓画好后，对眼睑进行着色。先用钢笔工具绘制雏形，再用形状工具进行编辑成形，打开“均匀填充”对话框选用需要的颜色进行填充。当然也可以直接左键单击颜色面板上的颜色进行填充,然后执行“安排→排列→到后部”命令。（图3-40-2）

（3）按同样的方法绘制眼睑的层次，并进行上色，组合眼睑和眼睛轮廓的位置，调整此部位各图形的顺序。（图3-40-3）

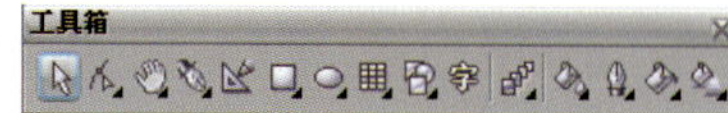

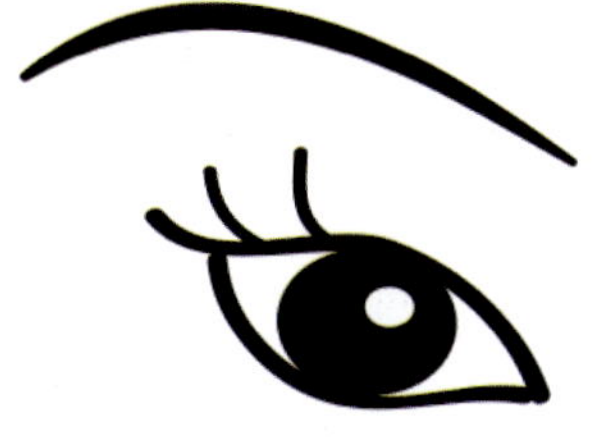

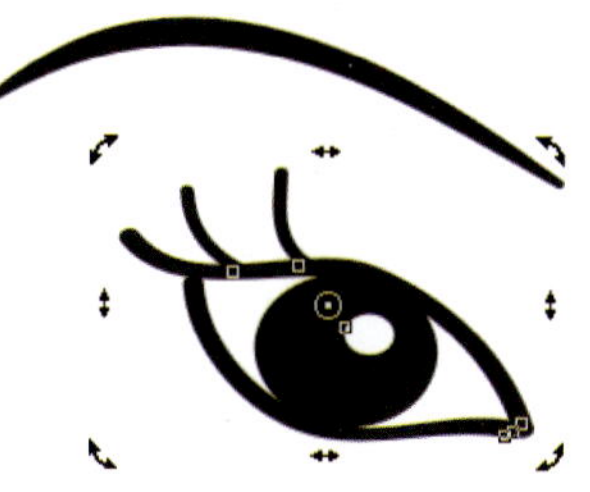

图3-40-1

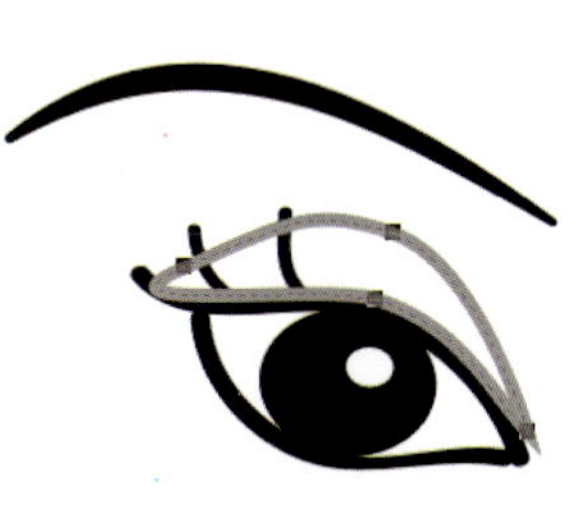

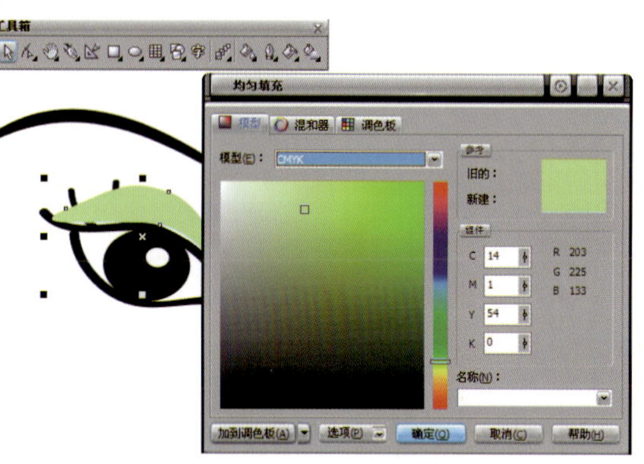

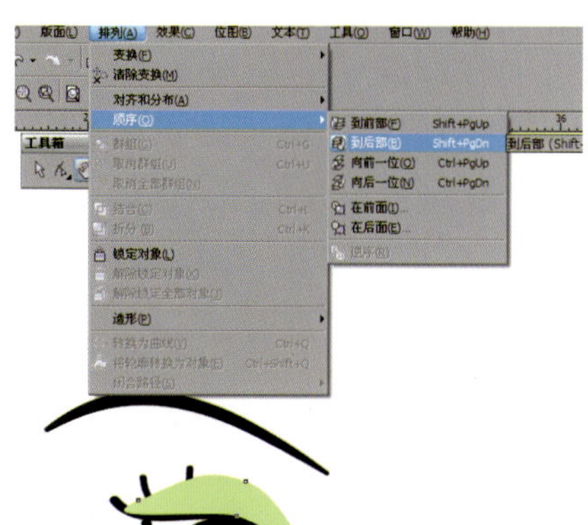

图3-40-2

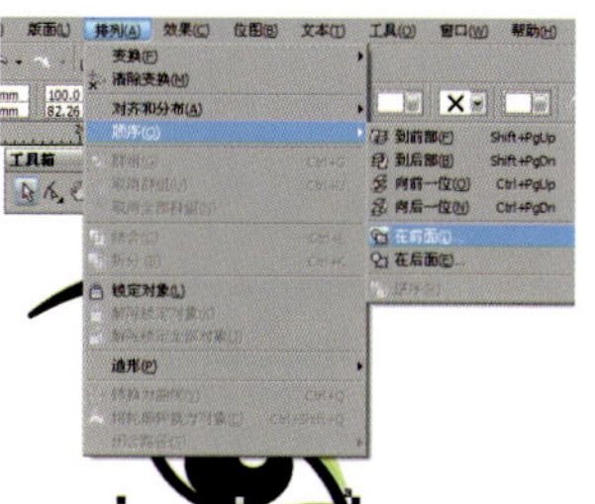

图3-40-3

（4）将绘制的眼睛、眉毛放到先画好的面部轮廓上，适当调整位置。使用“复制”命令绘制另一只眼睛：框选画好的眼部，按住鼠标左键不放拖动到另一边，单击右键进行复制；再单击属性栏的“水平镜像”按钮调整复制的图形。（图3-40-4）

（5）接着按照上面的方法步骤绘制嘴唇的轮廓并填充颜色。（图3-40-5）

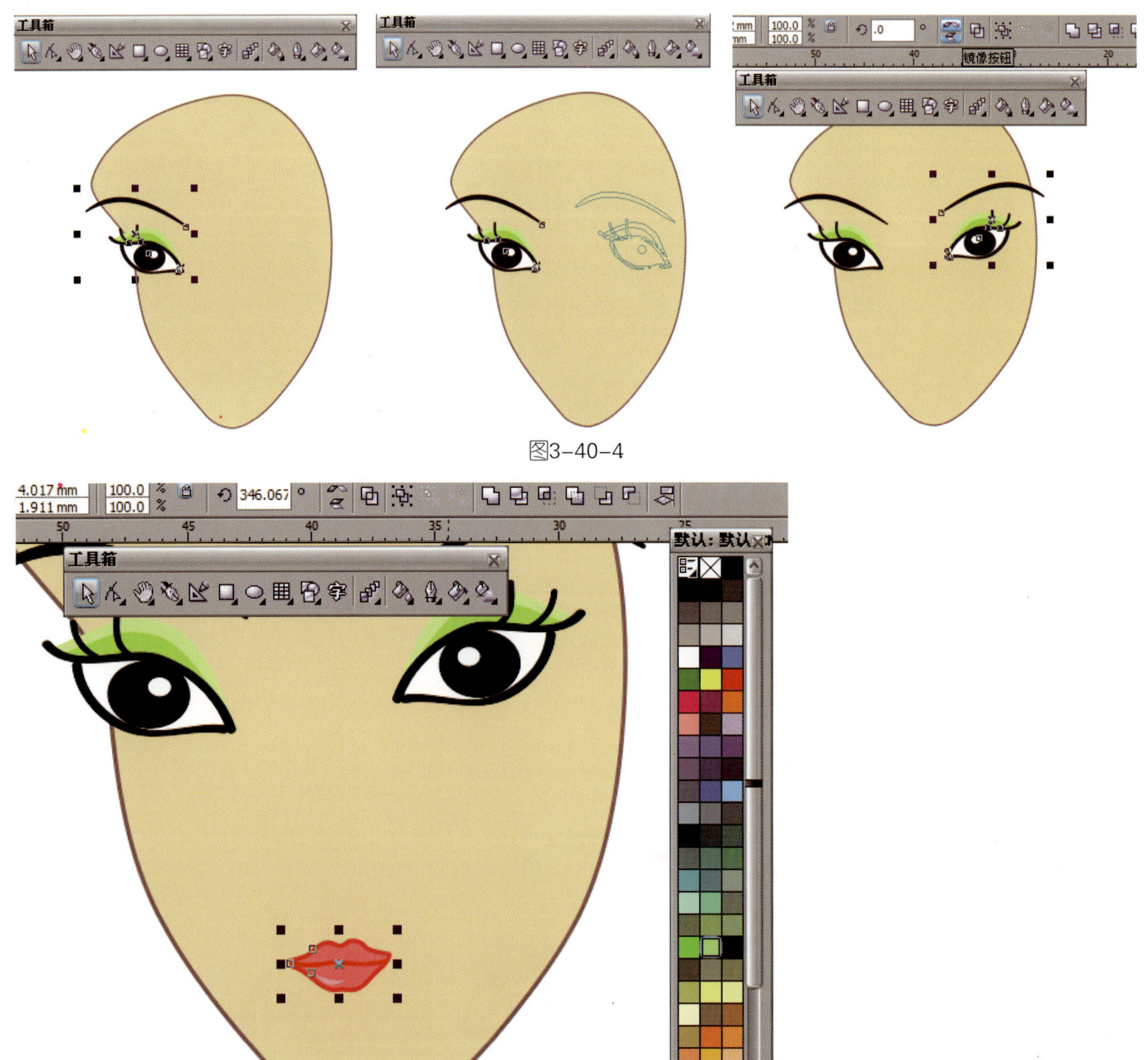

图3-40-4

图3-40-5

4. 模特发型的绘制

完成模特五官的绘制后，接下来绘制模特的发型，发型可以按具体的造型分成几个部分来画：

（1）用“钢笔工具”绘制头发的主体部分，封闭图形后进行颜色填充。（图3-41-1）

（2）按同样的方法绘制发型的其他部分，并进行色彩填充。（图3-41-2）

图3-41-1

图3-41-2

（3）采用复制、镜像的方法绘制另一侧的头发。（图3-41-3）

（4）编辑绘制脸上的暗部轮廓并填充较面部稍深的颜色，且将其放置在头发和面部图形层之间即可。（图3-41-4）

（5）以同样的方法绘制和编辑头发在面部的投影，以增强整个头部的立体感。（图3-41-5）

图3-41-3

图3-41-4

图3-41-5

二、服装的绘制和填充

1.服装款式的绘制

现在开始介绍服装款式的绘制。服装也根据具体的款式和颜色分成几部分来绘制，这样方便于上色和色彩的修改。依次绘制服装的各部分时，注意每部分的轮廓线一定要成封闭状态，这样才能填充色彩或面料；然后按照服装的款式及穿着方法，调整每部分的前后顺序完成重叠组合。（图3-42）

2. 服装色彩的填充

CorelDRAW为我们提供了多种色彩和图样的填充方式，让服装的设计理念和效果得到充分表达。

（1）单色的填充。在进行单色填充时，先选中要填充的图形，再选择调色板上的颜色进行填充，按照此方法分别完成其他部分的色彩填充。另外，我们可以随时修改和调整色彩，例如选定图中的裙子，直接在色彩面板中选定颜色，单击左键进行填充更改。（图3-43）

图3-42

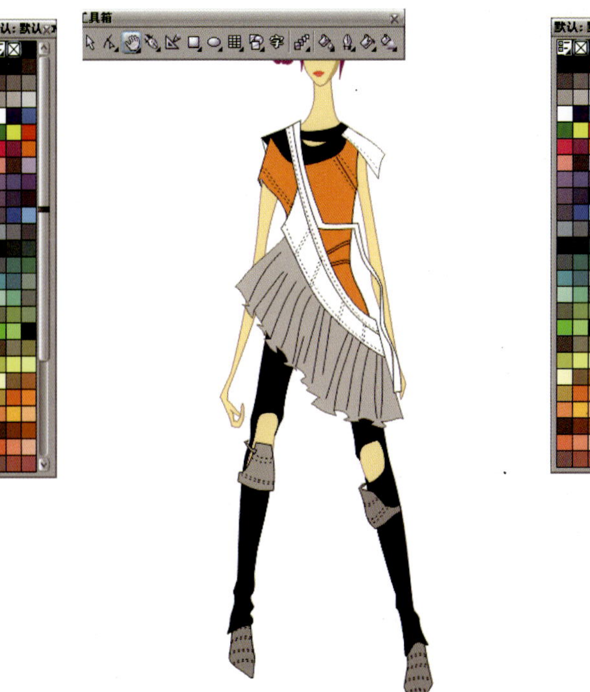

图3-43

（2）渐变的填充。要填充有深浅色彩变化或两个以上色彩的过渡效果时，打开色彩填充工具中的“渐变填充对话框”，选择渐变的种类，同时编辑渐变的颜色直至满意的效果，完成渐变填充。（图3-44）

图3-44

（3）图样的填充。图样的填充分为双色图样填充、全色图样填充和位图图样填充三种。

1）双色图样填充：打开色彩填充工具中的“图样填充对话框”，在面板上选择双色图样的种类，编辑前后部的颜色和单位图样的大小，最后确定填充。（图3-45-1）

2）全色图样填充：选择全色图样的种类，编辑单位图样的大小等，直至理想的效果，最后确定填充。（图3-45-2）

3）位图图样填充：选择位图图样的种类，编辑单位图样的大小后完成填充；或点击“装入”按钮，选择我们扫描的面料图案，同样编辑单位图样的大小等，完成位图的填充。（图3-45-3）

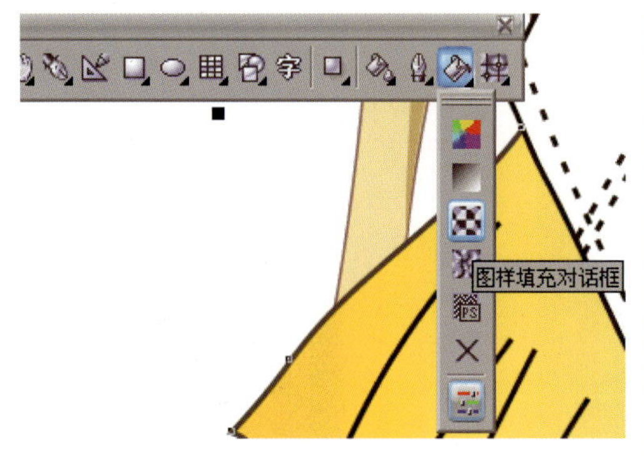

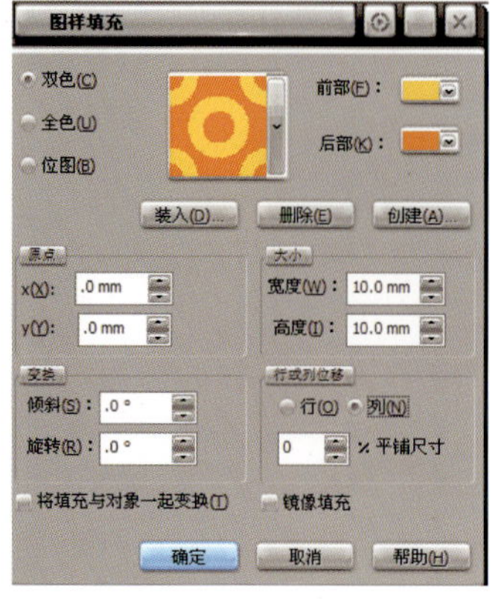

图3-45-1

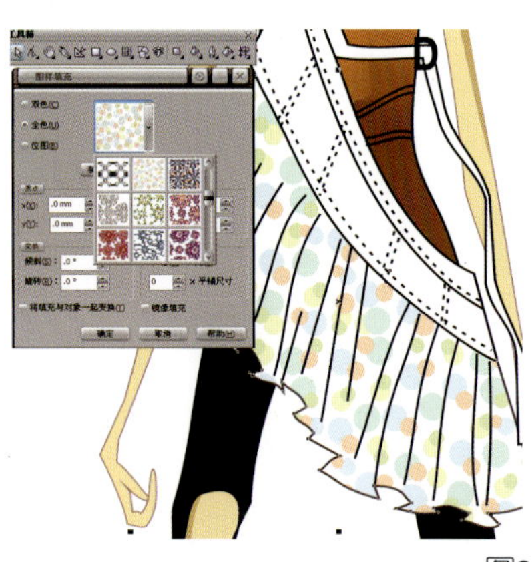
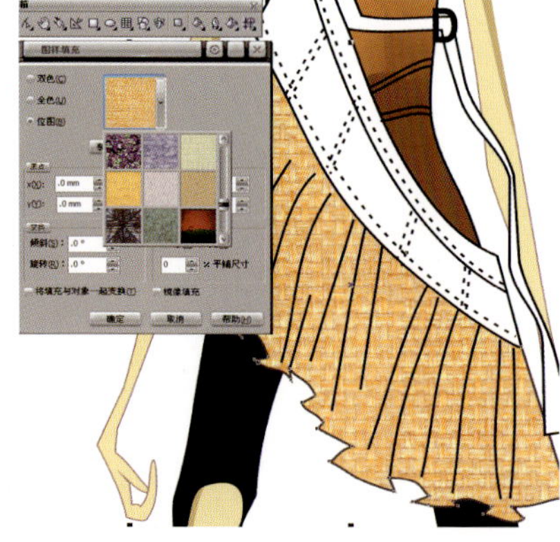

图3-45-2

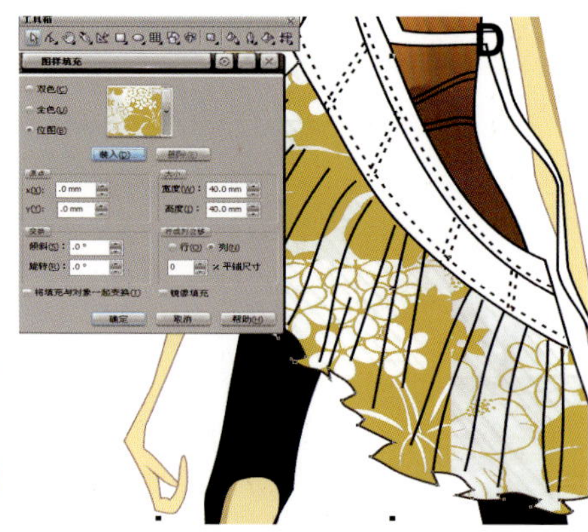

图3-45-3

（4）其他效果的填充。为了让服装有更加丰富的表达效果和立体感，我们也需要像绘制面部时一样绘制服装的暗部和皱褶部。除了先前讲的直接绘制暗部形状再进行较深颜色的填充外，我们还可以使用工具箱中的“交互式网状填充工具”进行填充（图3-46-1）。其方法如下：

图3-46-1

1）选中要填充的对象，如图中橙色上衣。选取“交互式网状填充工具”，这时衣服上会出现如图的网状。（图3-46-2）

2）单击要填充的某一网格，在颜色对话框中选取确定的颜色（图3-46-3）。为了让服装效果的表达更加生动，可以多次选取不同的网格进行多次填充，还可以拖动网线进行编辑，绘制更加丰富的层次感。（图3-46-4）

3）按照相同的方法填充裙子，以及图中的护膝和鞋子等部位。（图3-46-5）

4）最后，框选所有绘制好的图形，单击属性栏的“群组”按钮对整幅图形进行群组。（图3-46-6）

图3-46-2

图3-46-3

图3-46-4

图3-46-5

图3-46-6

三、服装效果图背景的表达

1. 投影的表达

使用“交互式阴影工具”对在服装效果图中投影表达的方法如下：

（1）选取工具箱中的“交互式阴影工具”，在对象上按住鼠标左键拖动形成投影。（图3-4 7-1）

（2）拖动黑色方块，调整投影的长度和角度来编辑投影（图3-47-2）。同时还可以在属性栏的色块中变换投影的颜色。（图3-47-3）

（3）拖动属性栏的“羽化”项滑块，调整投影的清晰度。（图3-47-4）

（4）另外也可以直接用“钢笔工具”在模特底部绘制投影形状并填色。（图3-47-5）

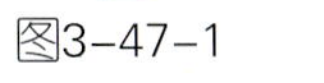

图3-47-1

图3-47-2

图3-47-3

图3-47-4

图3-47-5

2. 画面底色的表达

结束了对模特和服装的绘制及填充后，应根据需要对其添加背景色彩和效果。例如打开工具箱中的“渐变填充对话框”，选择渐变的类型，设置渐变的颜色进行背景底色的填充（图3-48-1）。最后，完成一张漂亮的服装效果图。（图3-48-2）

当然，我们还可以随时对画面的某一部分进行修改，如外轮廓线条的粗细、颜色，服装的颜色、花纹图案等。这样尝试不同色彩或面料的搭配，是电脑绘制服装效果图很方便、快捷的地方。（图3-48-3）

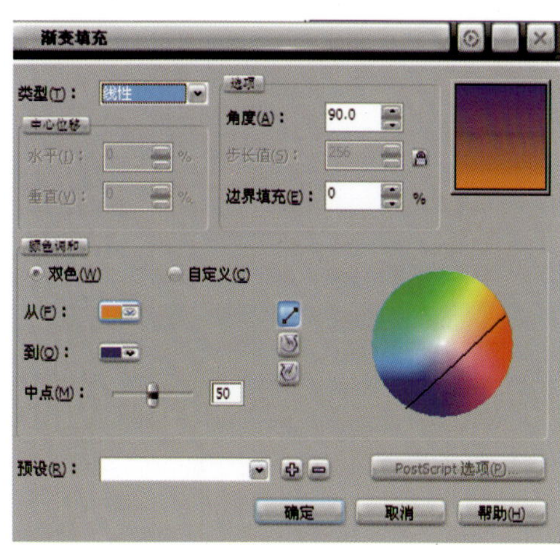

图3-48-1

图3-48-2

图3-48-3

小结

这章对平面设计软件CorelDRAW进行了学习，介绍了CorelDRAW12的操作界面、菜单和工具箱，着重讲解了CorelDRAW中常用的绘图工具和常用的图形编辑命令的使用，特别是节点的转换和编辑，这是CorelDRAW的核心，我们应熟练掌握并灵活运用。

在对面料的绘制中，应充分运用CorelDRAW强大的图形编辑命令对面料的图案进行设计和表达，包括花纹面料，条纹和圆点等基本花形的绘制，并能在此基础上通过图形的变形和排列进行多种多样的面料花形图案设计。

在对服装效果图的绘制实例步骤的演示中，我们分别讲解了模特和服装款式的绘制与填充。应熟练掌握绘图工具和节点编辑工具进行绘制，以及单色、渐变及多种图样的填充效果，能充分自如地表达服装的设计。

第四章　专业绘图软件Painter

在这一章中，我们来学习专业的绘图软件Painter。经过前面两章对Photoshop和CorelDRAW的学习以后，相信你对服装效果图的数码表达已有了很好的基础，那么，对于Painter绘制服装效果图的学习将更加完善你的效果图的表现技法，更得心应手地将数码与手绘完美结合。

第一节　Painter的操作界面的组成

首先来认识一下Painter IX的操作界面，我们启动Painter后便出现如图4-1所示的界面。Painter的界面也可以根据自己的操作习惯任意拖放组合和拆分，得到理想的布局后可保存这个自定义的布局。下面，我们对界面上每一部分作简单介绍：

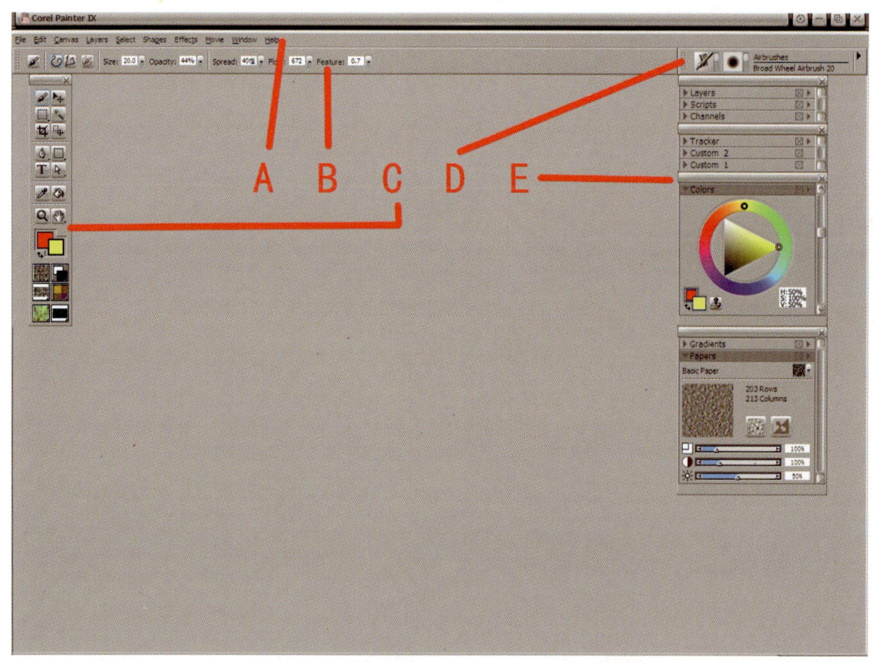

图4-1

A. 主菜单：同我们前面讲的Photoshop等软件一样，主菜单包含执行任务的多个菜单。这些菜单按不同的功能、主题分成文件、编辑等10个类别。（图4-2）

B. 属性栏：属性栏是对工具箱中各个工具的属性进行调整的。当我们选择不同的工具时，其属性栏都会发生相应的变化。（图4-3）

C. 工具箱：Painter工具箱的上半部分包含了画笔、选区、套索、魔棒、节点选择、剪刀、增加节点、删除节点、裁剪、钢笔、矩形、椭圆形、文字、吸管、油漆桶、旋转、缩放等共24种工具。带有小三角符号的工具按钮中含有其他隐藏的工具，将鼠标指针放在小三角上并按住鼠标按钮就会出现工具列表，被选择的工具以醒目的蓝色方框区分。（图4-4-1）

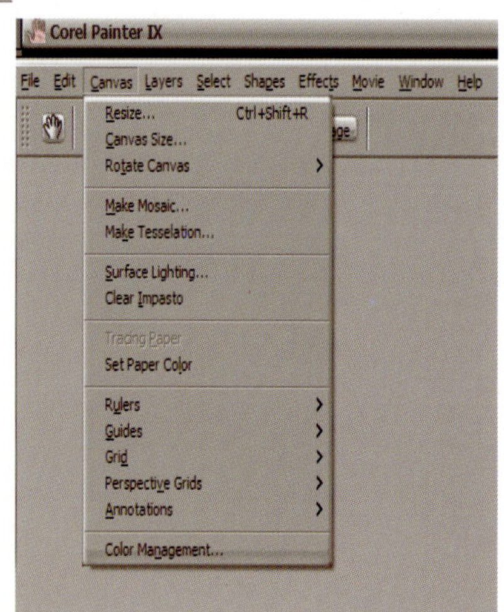

图4－2

工具箱的下半部分提供了主要色和次要色，以及纸张、图案、渐变、织物、图案笔的笔迹和图像水管的笔迹选择等快捷方式。（图4-4-2）

D. 绘图工具栏：绘图工具栏主要是选择不同的画笔类型和画笔的变体，这是Painter绘图中最重要的部分。Painter IX中为我们提供了几十种画笔的类型和大量画笔的变体，可以说每种画笔都有它独特的属性和效果。你可以选择粉笔、油画笔、水彩笔、彩色铅笔、蜡笔、钢笔等多种笔刷效果和大量的变形笔触、图案笔触等。这些画笔模拟了各种传统的画笔和现代高科技的绘图工具，让我们的设计表达更加丰富多彩。（图4-5）

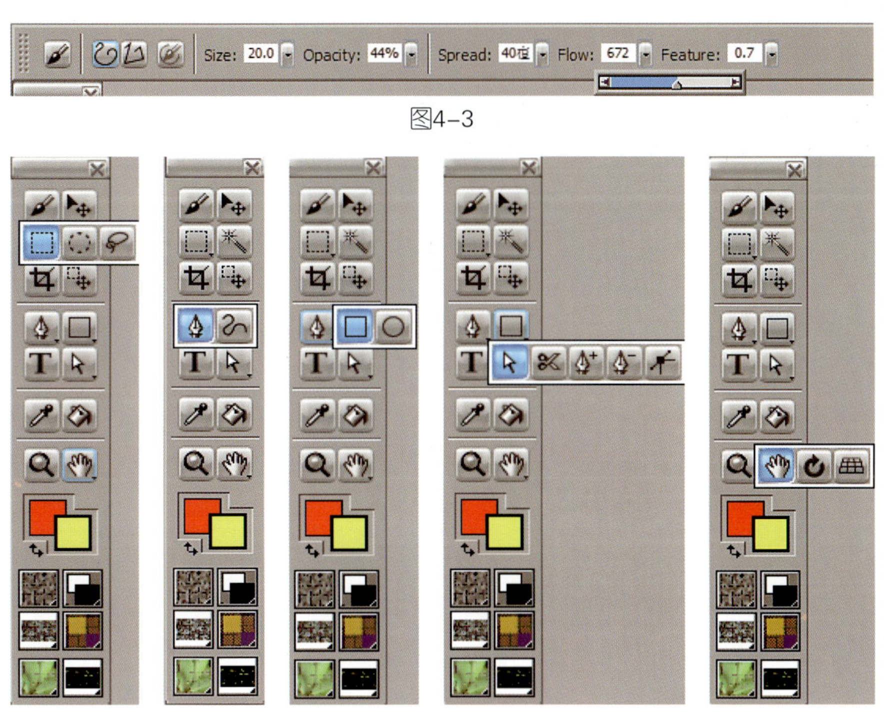

图4-3

图4-4-1

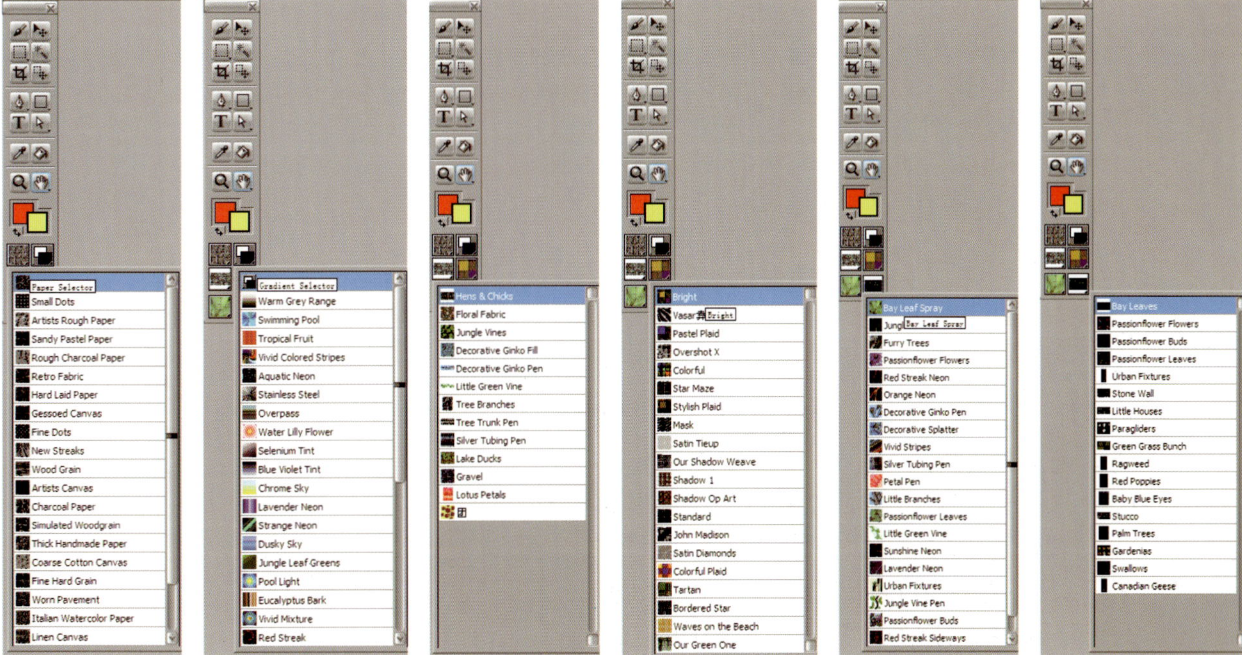

图4-4-2

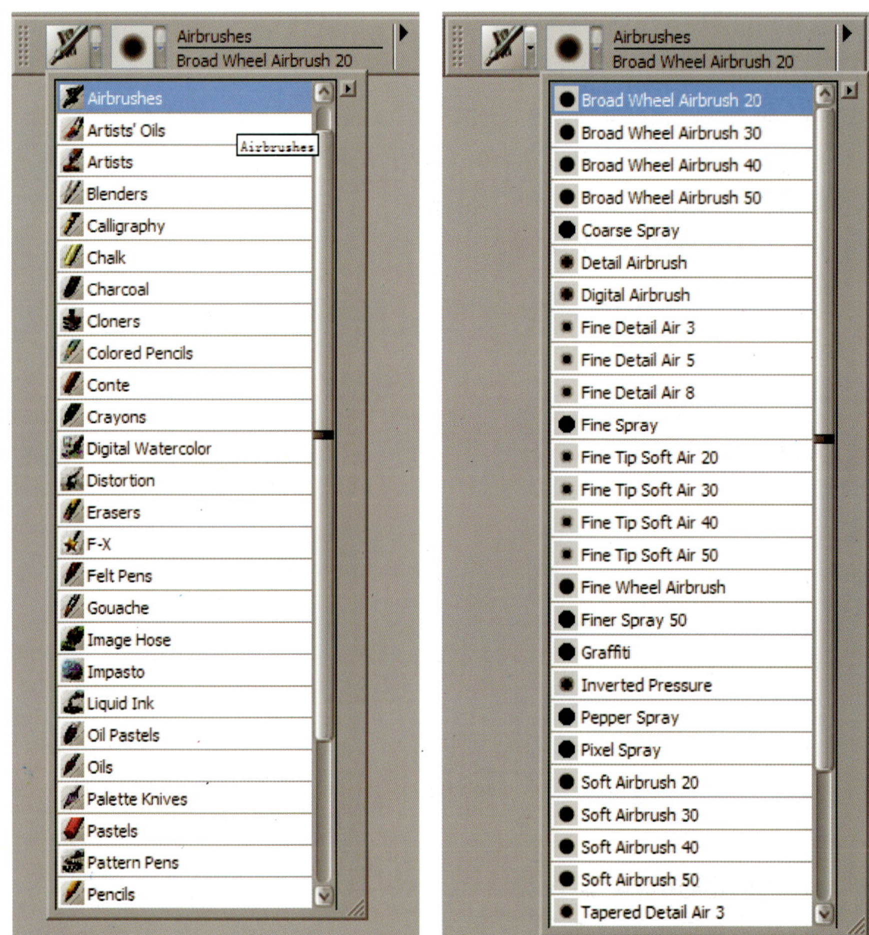

图4-5

E. 浮动面板：浮动面板是Painter中重要的组成部分，它包含了图案、颜色、渐变、布纹、颜色、图层、文字等面板，面板的使用方法和Photoshop中很相似。（图4-6）

图4-6

第二节 Painter的画笔工具

画笔工具是Painter的核心内容，Painter IX为我们提供了多种画笔，每一种画笔都具有不同的笔触效果。选用不同的画笔，可以使服装效果的表达既可以像在画布或纸张上手绘的一样，也可以像照片般形象逼真。当然，这需要我们在使用画笔的时候，同时将画笔颜色的设置和纸张的纹理选择结合起来，以使笔触达到最佳效果。

一、八种常用的画笔及其变体

虽然Painter为我们提供了30多种画笔，但我们在服装效果图的绘制中只经常用到以下八种画笔。下面就我们常用的几种画笔做详细的讲解：

1. Pencils（铅笔）

我们通常使用铅笔来绘制服装效果图的线描稿，这里有20种铅笔的变体可供我们使用。（图4-7）

（1）2Bpencil（2B铅笔）。2B铅笔是平时最常见的一种画笔。它软硬适中，特别适合勾画基础形。

（2）Grainy Variable Pencil（粗粒铅笔）。粗粒铅笔绘制时纸纹非常明显。

（3）Cover Pencil（覆盖铅笔）。覆盖铅笔的线条比较柔和，适合描线和画素描稿。

（4）Flattened Pencil（扁头铅笔）。扁头铅笔的笔芯是扁的。同一支笔改变倾斜度等就可以改变线条的粗细和角度，笔尖可由圆形变成椭圆形，这样水平绘制的线条较细，垂直线条较粗。

（5）ColoredPencil（彩色铅笔）。彩色铅笔绘制的线条颜色较深，颜色叠加时会叠加而产生复合颜色。

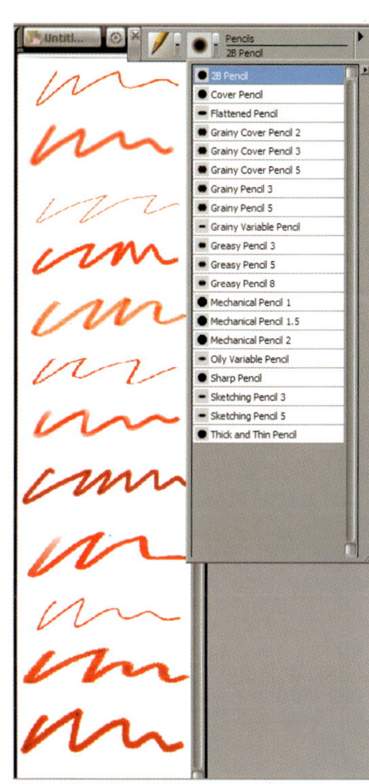

图4-7

2. Eraser（橡皮擦）

橡皮擦可将画布上的颜色擦除，选取不同的橡皮擦变体可在画布上擦出不同的颜色和效果。（图4-8）

（1）Darkener（加深橡皮）。使用加深橡皮，其作用不是使图像中的颜色变浅，而是颜色加深。

（2）Bleach（漂白橡皮）。使用漂白橡皮绘制出的线条呈半透明状，颜色为白色，边缘柔和。

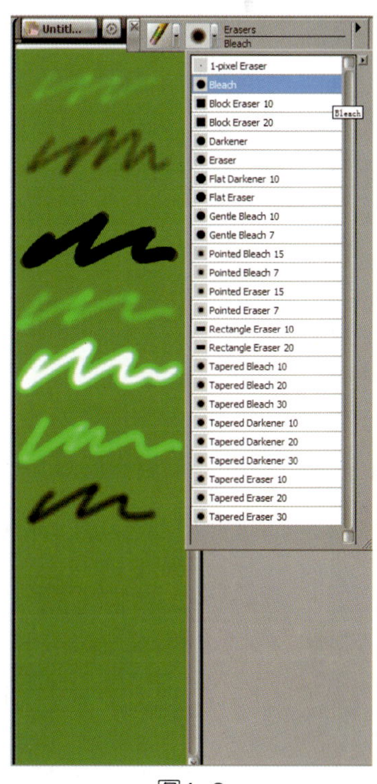

图4-8

3. Chalk（粉笔）

粉笔画笔颜色的融合性较高，色彩感比较强烈，可以明显反映出纸张纹理的粗细变化。所以，我们可以将其结合纹理较强的纸张使用。（图4-9）

（1）Artist Pastel Chalk（艺术粉笔）。艺术粉笔绘制的线条粗细均匀，有明显的笔触变化和纹理效果。

（2）Large ChaLk（宽粉笔）。使用宽粉笔绘制出的线条较粗，也有明显的纹理产生。

（3）Sharp Chalk（硬质粉笔）。硬质粉笔所绘制的线条较细，颜色较浅，在素描时可涂出纸纹肌理。

4. Crayons（蜡笔）

蜡笔画出的线条不透明，不同颜色的线条之间可产生覆盖，其笔触较为粗糙，且质感较强。（图4-10）

Basic crayons（基本蜡笔）。基本蜡笔绘制出的笔触、纸纹效果明显，重叠时产生混合效果。

5. Pen（钢笔）

钢笔适合用来描线，一般不会产生纸纹，线条漂亮干净。而且钢笔对压力反映敏感，可产生粗细的变化。（图4-11）

（1）Fine Point（尖细钢笔）。其笔尖细而圆，非常适合描线。

（2）Grad Pen（渐变钢笔）。渐变钢笔可绘制出带有渐变效果的线条。

（3）Nervous Pen（紊乱线条钢笔）。用来画出一些凌乱的线条，并且可以控制线条的数量。

（4）Scratchboard Rake（速写板排笔）。可以绘制出一整排的并行线，产生交叉效果的纹理图案。

（5）Calligraphy（书法钢笔）。可以绘制出具有方向感的线条，笔触连续且线条平滑。

6. Airbmshes（喷笔）

喷笔是使用很广泛的一种画笔，绘制的效果平滑而无笔触、渐变层次丰富，可用于大面积着色或绘制阴影部分。（图4-12）

（1）CoarseSpray（粗糙喷笔）。可绘制边缘带有纹理的线条。

（2）Digital Airbmsh（数字化喷笔）。可绘出柔和的笔触效果，边线颜色较浅，具有一定的透明感。

（3）FineSpray（精细喷笔）。可绘制出点状的笔触效果，笔触不连续地产生深浅的变化。

（4）Graffiti（图案喷笔）。使用图案喷笔可绘制出带有深浅变化的散点状线条。

（5）Pepper Spray（散点喷笔）。可绘制沙砾线条，笔触间会产生颜色的深浅变化。

（6）DetailAirbmsh（细节喷笔）。绘制出的线条很流畅，边缘较柔和，适合细节的刻画和上色。

7. Water color（水彩笔）

水彩笔的笔触带有较多的水分，会产生颜色溶入纸张纹理的质感，因此纸纹的选择对水彩笔来说非常重要。Painter为我们提供了52种水彩笔的变体。可以绘制多种多样的水彩效果。这里我们就不一一讲解，大家可以多尝试各种变体的绘制，其中常用到的几种我们将在效果图的绘制实例中给大家讲到。此外要注意的一点是，这种水彩画笔必须是在单独的水彩图层上绘制，我们可以看到在选用此画笔在画布上绘图时，图层面板上会自动生成一个水彩图层。（图4-13）

8. Cloners（克隆画笔）

此画笔可以运用各种类型的画笔仿制对象，当没有确定克隆源之前，克隆

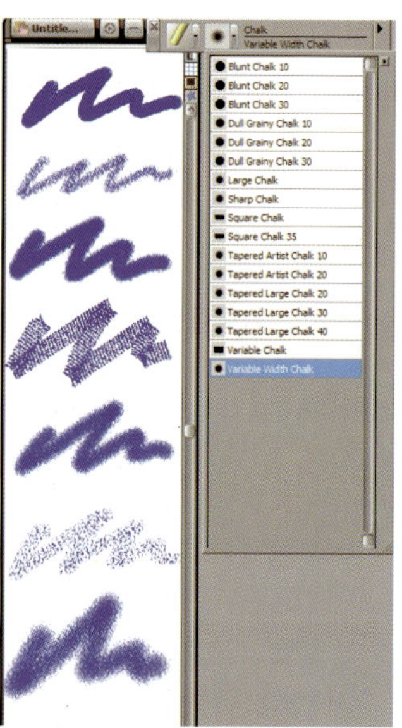

图4-9

图4-10

图4-11

源默认的是图案面板中选定的图案。

Soft Cloner（柔性克隆笔）：柔性克隆笔的使用和photoshop的图章工具相似，按住Alt键点取克隆对象，然后涂抹即可。（图4-14）

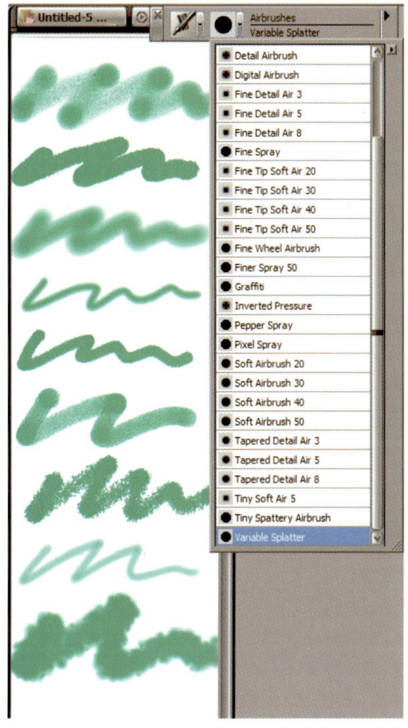

图4-12

图4-13

图4-14

二、画笔的高级设置

前面，我们讲了画笔的一般控制，要想画得更生动，变化更丰富，通过对画笔的高级控制能满足我们对各种画面表现的需要。首先，我们打开“Window→Show brush control”子菜单，弹出画笔控制面板，可以看到在此面板左边有十几个设置选项。

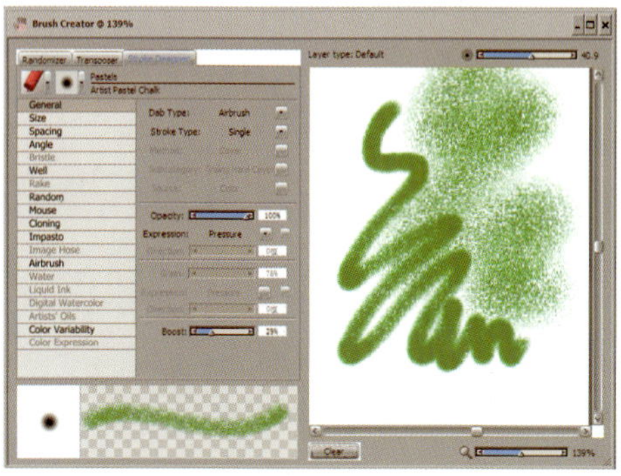

1. General（常规设置）面板

在General面板里可以对画笔的表现方式、笔尖类型和笔触类型等进行设置。包含了dab type（笔尖类型）、stroke type（笔触类型）、method（表现方式）、subcategory（次级表现）、opacity（不透明度）和grain（颗粒）等设置。其中dab type里有很多笔尖类型可供我们选择。（图4-15）

图4-15

2. size（笔尖设置）面板

在此面板上设置画笔笔尖的形状和笔尖的尺寸。（图4-16）

（1）Min Size（最小尺寸）。用来调整笔触粗细变化度。

（2）Size Step（笔触步数）。可以设置画笔粗细变化速度。

（3）Feature（特征）。用来控制笔尖的分叉程度。

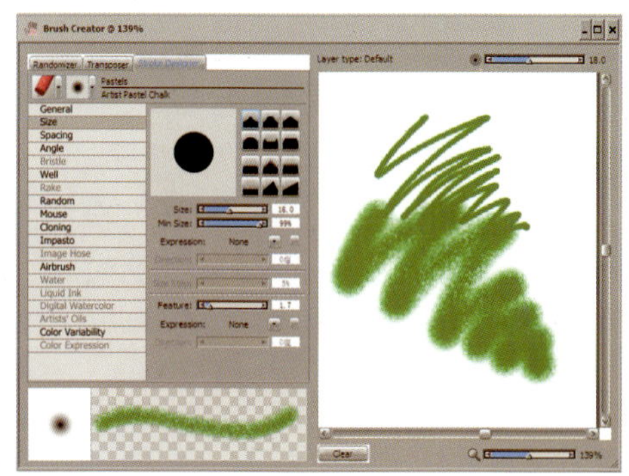
图4-16

3. spacing（笔触间距）面板

用来调整笔尖之间的距离。（图4-17）

（1）Spacing（空间）。控制条上滑块向左移笔尖的距离变小，绘制出的线条颜色较深，反之则笔尖距离较大，线条颜色较浅。

（2）MinSpacing（最小间距）。用来控制笔尖之间的最小距离。

（3）Damping（平滑度）。用于控制笔触的平滑度，数值越高越平滑，反之则越粗糙。

（4）Cubicinterpolation（立体增补）。可以平滑带有锯齿的笔触。

图4-17

4. Anglel（笔触角度）面板

用以对画笔的笔尖角度进行设置。（图4-18）

（1）Squeeze（积压度）。调整笔尖的扁平度，使笔尖在圆和椭圆之间变化。

（2）Anglel（角度）。当选择的是扁平笔尖时,此项可以调节笔尖的倾斜角度。

（3）Angle Range（角度范围）。该滑框用于设定笔尖的角度变化范围。数值越大，笔尖角度变化范围越大。

（4）Angle Step（角度步数）。用来控制笔尖角度层次的多少和变化的快慢。数值越大笔尖角度的层次变化越少，反之则越多。

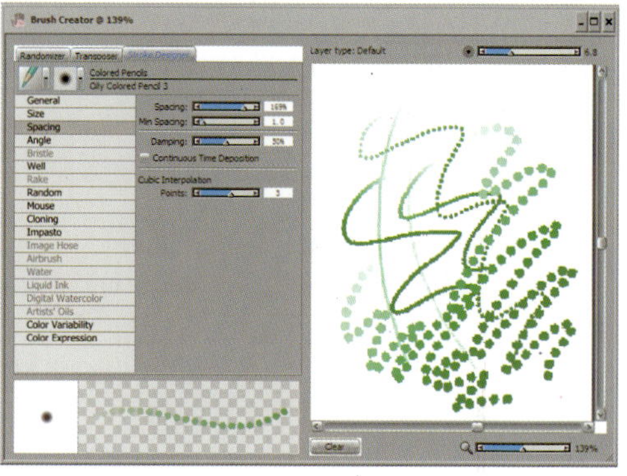

图4-18

5. bristle（笔毛设置）面板

用以对画笔的笔毛进行设置。（图4-19）

（1）Thickness（浓密度）。控制笔毛的浓密程度。滑块向右笔毛密集，向左则稀松。

（2）Clumpiness（聚合度）。可以调节笔毛的分叉程度。

（3）Hair scale（笔毛紧凑度）。可以调节笔毛的紧凑程度。数值越大笔毛越松散，反之越紧凑。

（4）Scale/size（缩放/尺寸）。用于调整笔毛的粗细变化程度，数值越大变化程度越大，反之则越小。

6. Well颜料控制面板

对画笔所含颜料的饱和度和渗透度进行调节。（图4-20）

图4-19

图4-20

（1）Resaturation（饱和度）。控制颜色的饱和度和流量，数值越大颜色越深。

（2）Bleed（渗透度）。控制颜料与纸张的渗透度，数值越大混色效果越明显。

（3）Dryout（干湿度）。控制画笔含水量的多少。数值越大颜色越明艳；数值越小则颜色越干枯，形成枯笔效果。

7. Rake（排笔）面板

通过设置可以得到带有平行线的笔触。（图4-21）

图4-21

8. Mouse（鼠标）面板

使用鼠标时可以用此来设置各个选项，使画笔产生不同的笔触变化效果。（图4-22）

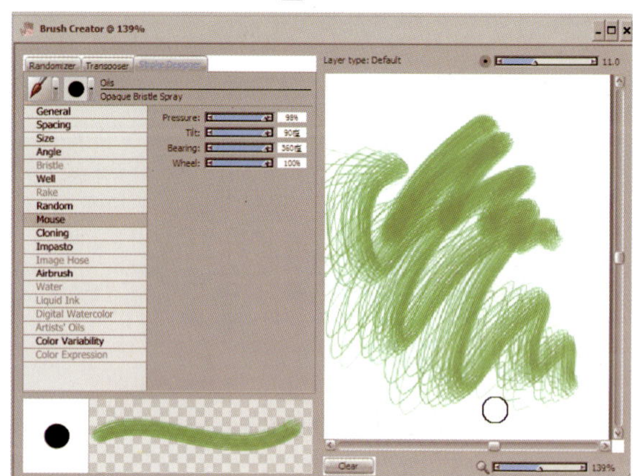

图4-22

9. Random（随机变化）面板

用以设置随机变化的笔触，具有不规则性。（图4-23）

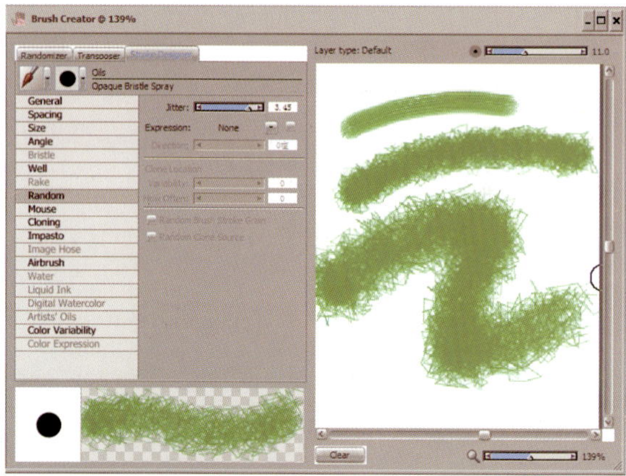

图4-23

10. Cloning（克隆）面板

设置克隆笔的笔触形式。（图4-24）

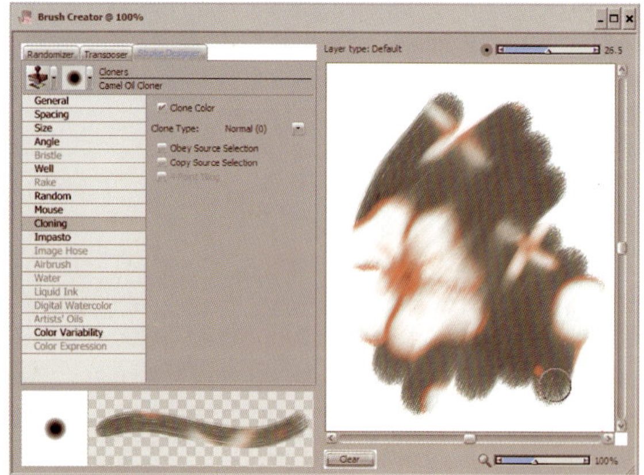

图4-24

11. Impasto（厚涂颜料）面板

设置厚涂颜料的画笔，形成颜料堆积的肌理效果。（图4-25）

12. Water（水彩控制）面板

当使用水彩笔和其他湿画笔时，就通过此面板对它们进行设置。（图4-26）

13. Color Variability（色调变化）面板

设置画笔色彩变化的层次和快慢。（图4-27）

14. Color Expression（色彩表情）面板

设置画笔色彩变化的方式。（图4-28）

15. liquid Ink（液态墨水笔）面板

各个滑块的设置可以使笔触具有丰富的手绘笔触效果。（图4-29）

16. Digital Water Color（数码水彩笔）面板

设置等同Water面板，它可以应用于很多种画笔，使画笔具有水彩笔的多种效果。（图4-30）

图4-25

图4-26

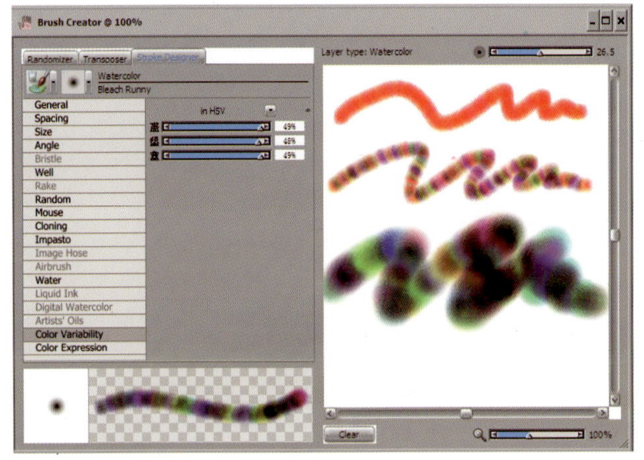

图4-27

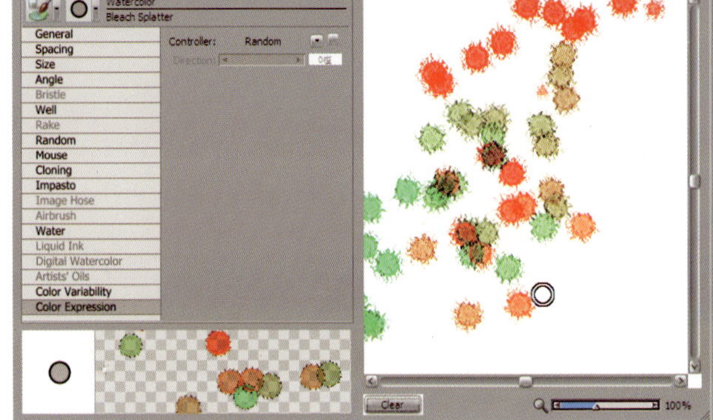

图4-28

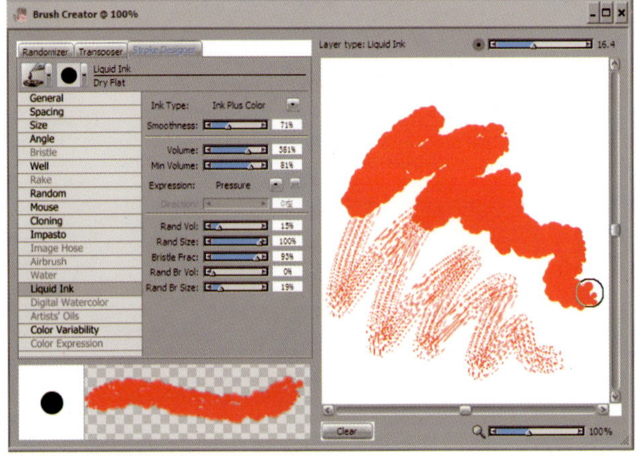

图4-29

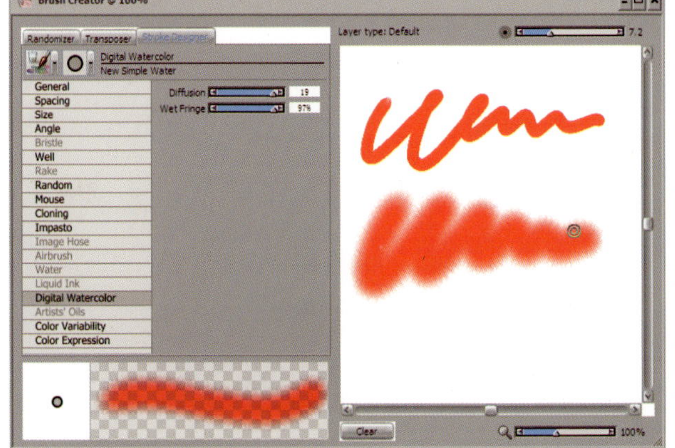

图4-30

第三节　Painter 的Paper（纸张）面板

我们知道，在现实生活中，同一种画笔在不同纹理的纸张上绘画时会呈现出不同的笔触效果，因此纸张纹理的选择对于我们画效果图来说也是非常重要的。为了使Painter的绘画效果更接近于现实，应将纸张纹理配合画笔来使用。在绘制效果图过程中可根据需要随时更换纸张纹理。

下面我们来学习选择和设置纸张纹理的Paper面板。

一、Paper（纸张）面板

（1）打开Paper面板后，单击面板右上角的小三角按钮，在下拉菜单中可以选择多种纸张的纹理，Painter IX为我们提供了23种基本纹理。如Basic Paper（基本纸张）、Fine Dots（细小圆点）、Artistic Canvas（油画布），French Water Color Paper（水彩纸）等等。选框成蓝色的即表示我们当前选中的纸张类型。（图4-31）

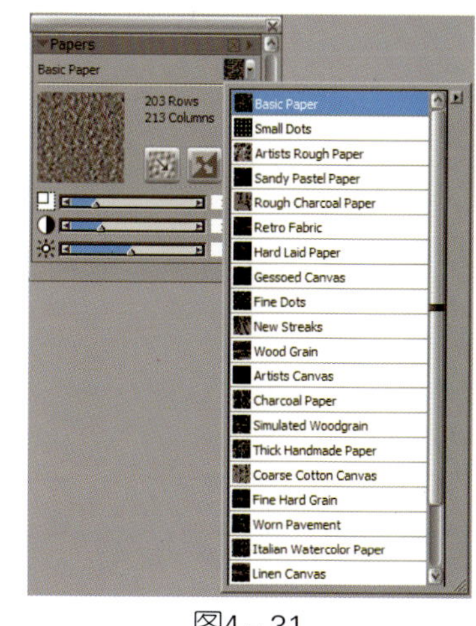

图4－31

（2）面板的中间是纸纹的预览框，可以预览我们当前所选择的纸张纹理。（图4-32）

（3）预览图的右方两个按钮中，▩按钮调节纸张纹理的方向；◪按钮改变纸张纹理的反向凹凸。（图4-33）

（4）预览图的下方有三个滑块：Paper Scale滑块可以调节纸张纹理的粗细大小变化。Paper Contrast、Paper Brightness滑块用以调节纸张纹理的对比度和亮度变化。（图4-34）

图4-32

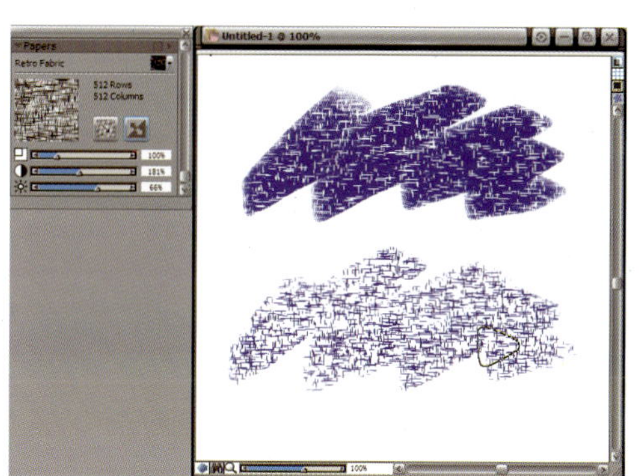

图4-33

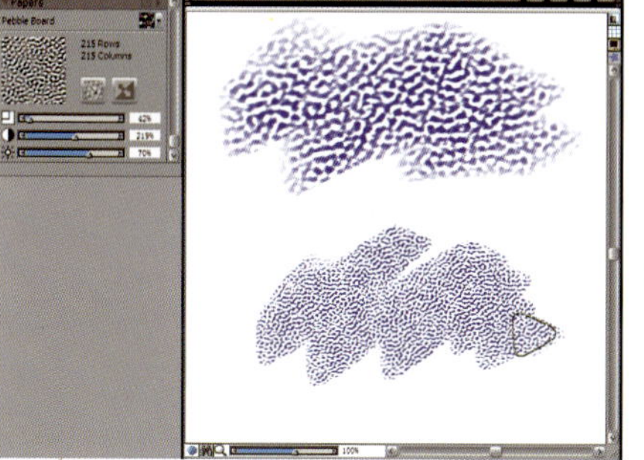

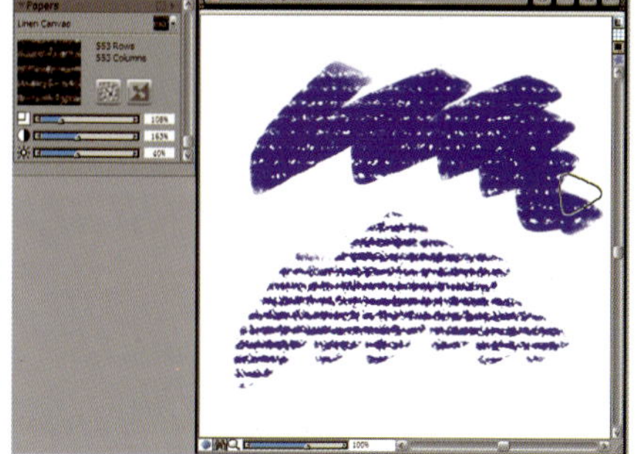

图4-34

二、制作纸张纹理

除了Painter IX本身提供的纸张纹理外，我们还可以根据绘制效果图的需要来制作纸张纹理。其制作方法如下：

（1）选择“Make Paper”命令，弹出其对话框。（图4-35-1）

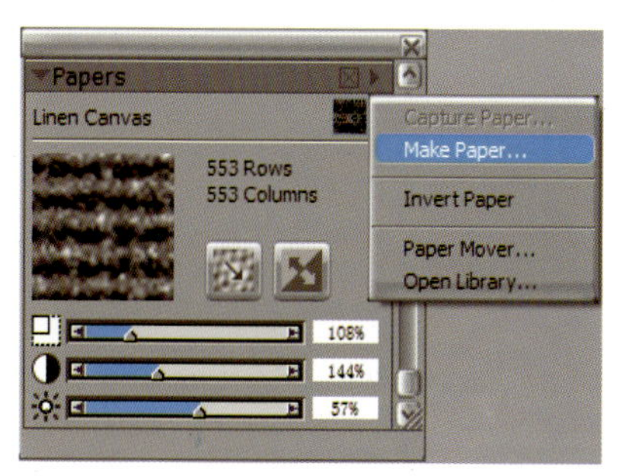

图4-35-1

（2）在“Make Paper”对话框右边的Pattern的下拉菜单中，可以选择纸张纹理的基本形状单位，如线条、圆圈、方块等。如：这里选择的Square正方形，在Preview的方框中显示的就是以方形为单位排列的纸张纹理。（图4-35-2）

（3）通过对Spacing滑块的调节来控制纸纹颗粒间的距离设置纸张纹理的大小和粗细；Angle滑块用以设置颗粒排列的方向和角度。调节设置好以后在Save As的文本框中命名纸张纹理，以便随时可以调用。（图4-35-3）

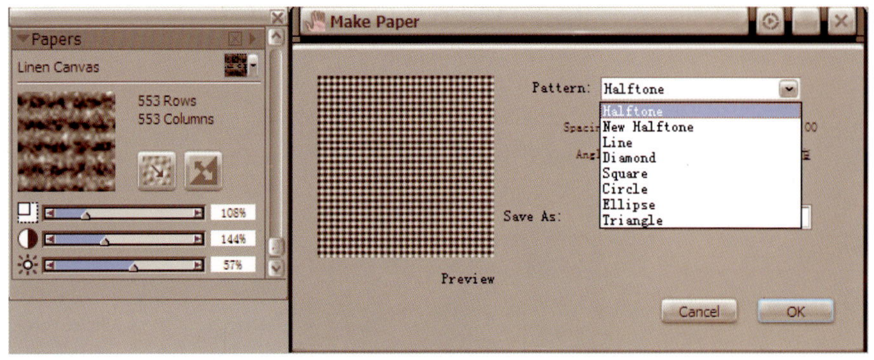

图4-35-2

图4-35-3

三、纸张纹理的运用

纸张纹理对于我们绘制服装效果图很有用，在绘图的过程中可以根据不同部位的需要随时更换纸张种类来表现不同的材质和肌理外观。如光滑柔和的肌肤，条状凹凸的针织罗纹，半透的网眼面料等等。下面我们做两个纸张纹理应用的演示实例。

1. 通过纸张纹理表现针织罗纹

我们选用Paper纹路中的Artists Canvas纹理来表现针织毛衫的肌理。

（1）首先打开我们画好的线描稿，打开Paper面板，分别调节面板上控制纹理大小、对比度和亮度的滑块来设置纹路的粗细和凹凸程度，以至达到满意的效果。（图4-36-1）

（2）在工具箱中设置好上衣的颜色，选用能明显表现纸张肌理的粉蜡笔变体Dull Contes 15画笔来进行大面积色彩的涂抹。这时我们可以看到画笔绘制的部分显现具有针织罗纹的面料外观。（图4-36-2）

（3）整片着色后再进行细部绘制，在属性栏上将画笔调小，选择好暗部颜色来绘制上衣大体的明暗效果和衣服褶皱等。这样，一件针织罗纹上衣就完成了。（图4-36-3）

图4-36-1

图4-36-2

图4-36-3

2. 选择纸张纹理表现细腻的肌肤

同样在这幅图上，我们给模特的皮肤上色，这时就要更换纸张纹理了。我们在Paper面板里选择Basic Paper，结合柔和的染色笔中的Basic Round变体画笔绘制肌肤和头发的基色，结合染色笔中的Tapered Eraser变体笔擦出亮部，塑造人物的立体感。（图4-37）

同时，在基础纸张纹理的状态回到上衣部分的绘制，用染色笔柔和绘制服装上暗部的颜色，使其暗部没有明显的白色点状纹理，这样更生动逼真。

图4-37

3. 结合纸张纹理表现背景

我们充分利用纸张纹理来绘制多样的画面效果。如我们在绘制投影的时候，可以选择Paper面板中的点状纹理，通过调节面板上大小、对比度和亮度滑块来设置点的大小和凹凸程度，并选用能很好表现肌理的色粉笔绘制，并且点的深浅和明显程度可以通过控制压感笔的轻重来体现（图4-38-1）。根据画面的需要，也可以绘制整块背景，再结合到橡皮擦工具涂抹出丰富的明暗层次。（图4-38-2）

图4-38-1

图4-38-2

第四节　Painter的Patterns(图案)面板

Patterns面板中为我们提供了多种多样的图案选择，还可以根据自己喜好和需要来绘制服装面料的图案，这极大地方便了服装效果图中花纹面料的绘制、着色和填充。下面我们就来学习Patterns图案面板。

一、Patterns（图案）面板

首先，打开Patterns面板，它与前面学习的Paper面板的格局相似，面板左面的预览框中可显示当前选择的图案内容。单击预览框右侧的小三角，在下拉菜单中提供了12种不同的图案，当然也可以自行补充更新图案，如此处命名为“团”的图案。（图4-39-1）

在Patterns面板中部有3个按钮选项，用于设置图案的排列方式，可以分别将图案按矩形排列、水平方向排列或垂直方向排列。面板下部有两个滑块：offset滑块用来调节图案合并的边界；Scale滑块可改变单位图案在画布上的比例。（图4-39-2）

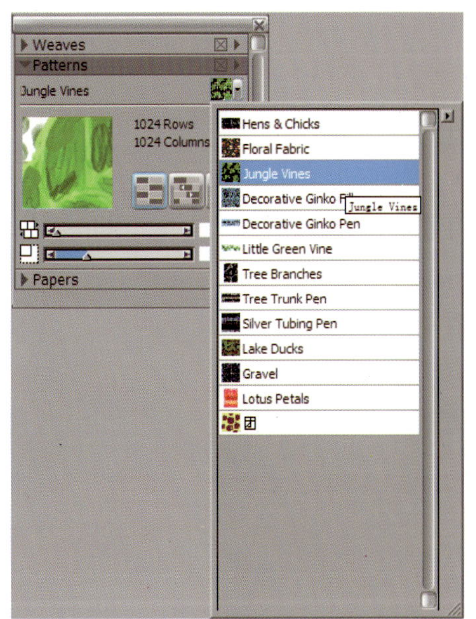

图4-39-1

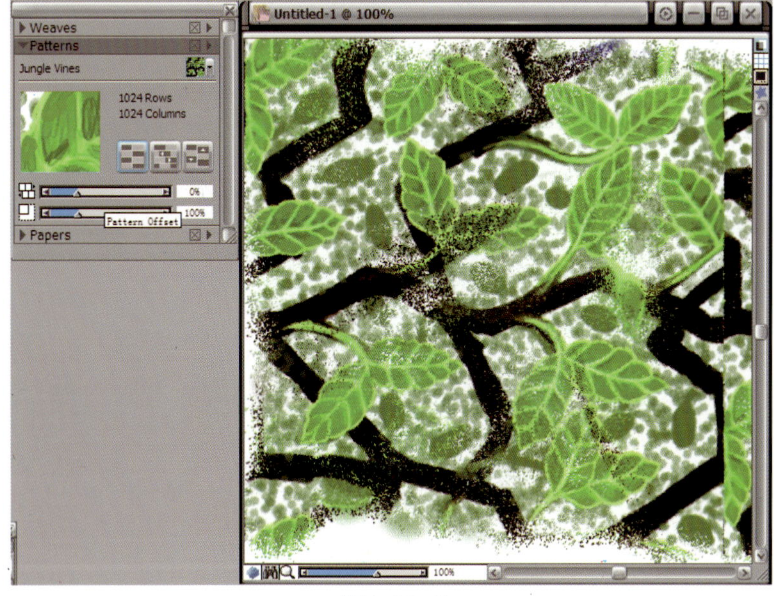

图4-39-2

二、编辑设计图案

如果预览框中的选择的图案还不理想，也可以对此图案进行再编辑和设计。

1. 编辑现有图案

（1）在Patterns面板中选择要编辑的图案。（图4-40-1）

（2）选择“Patterns→Check Out Patterns”命令，图案会自动生成一个窗口。这样就可以对图案进行修改了，最后命名保存即可。（图4-40-2）

图4-40-1

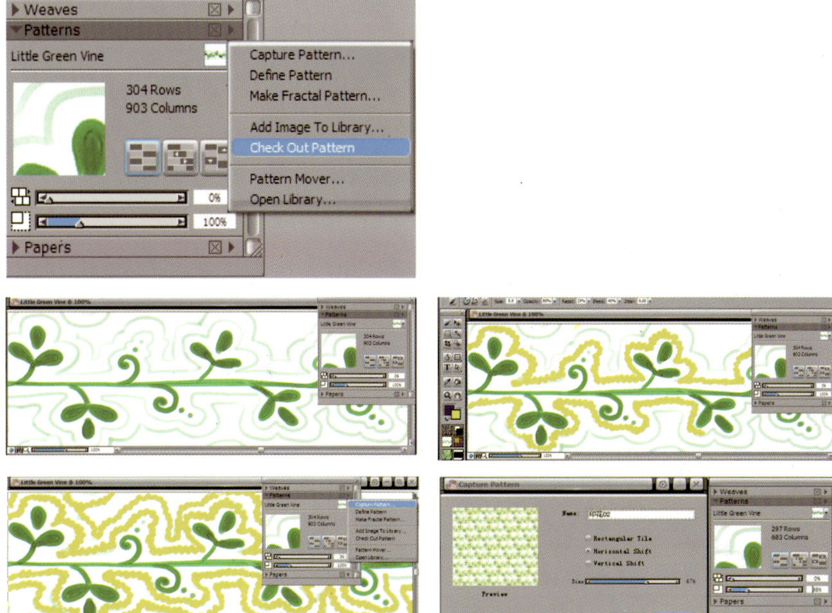

图4-40-2

2. 创建新图案

我们可以通过自己创建图案来丰富图案库，为服装效果图的绘制和图案的填充提供更多的素材。我们主要通过以下三种方式来创建图案：

方法一：可将当前图像或扫描的面料图案的图像定义为图案，并将其加入到Painter的图案材质库中。

方法二：手绘制一个图案，通过捕捉图案将其加入到材质库中。

（1）在新建的空白文档上先绘制一个图案的基本单位。（图4-41-1）

（2）单击“Capture Patterns”命令，弹出其对话框。（图4-41-2）

（3）在“Capture Patterns”对话框中，对图案进行进一步的设置。“Rectangular Tile”按钮用以使单位图案呈矩形排列，且它在水平及垂直方向上均无偏移；Horizontal Shift按钮调整图像在水平方向上的偏移量；“Vertical Shift”按钮调整图像在垂直方向上的偏移量。Bias控制条控制偏移量的强度。最后输入图案的名称即可。

这样，绘制和调整好的面料图案便自动保存在图案库中。（图4-41-3）

当需要的时候调用此图案，选择克隆印章画笔绘制大面积的图案或为服装进行印花面料的上色填充等。（图4-41-4）

图4-41-1

图4-41-2

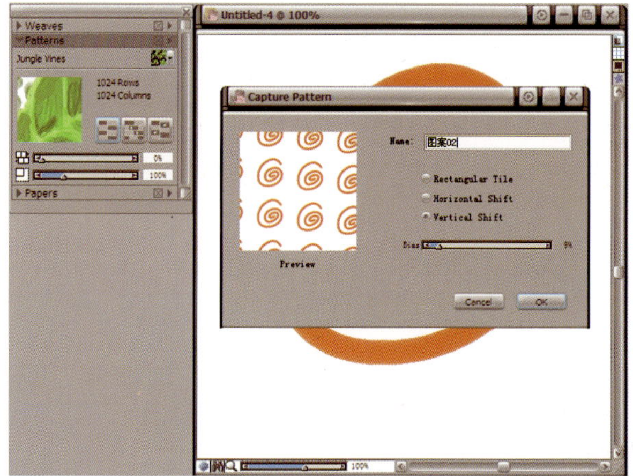

图4-41-3

图4-41-4

方法三：我们还可以为现有图案添加颜色和浮雕效果。打开“Make Fractal Pattern”命令，弹出对话框；在其对话框右部的5个控制条，分别对预览图像的大小、单位图案重复的次数、图案的柔和度、倾斜角度、图案的压缩程度和图案尺寸进行设置，直至需要的图案外观。（图4-42）

最后，我们还可以将图案转换为纸纹进行运用，选择“Patterns→Check Out Pattern”命令，再使用前面讲到的Paper面板上的“Capture Paper”命令将图案转换纸纹即可。这样就可以按照纸张纹理的运用来使用这些图案了。

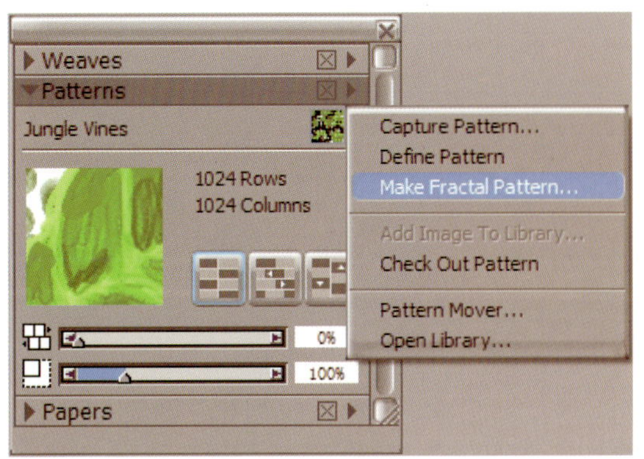

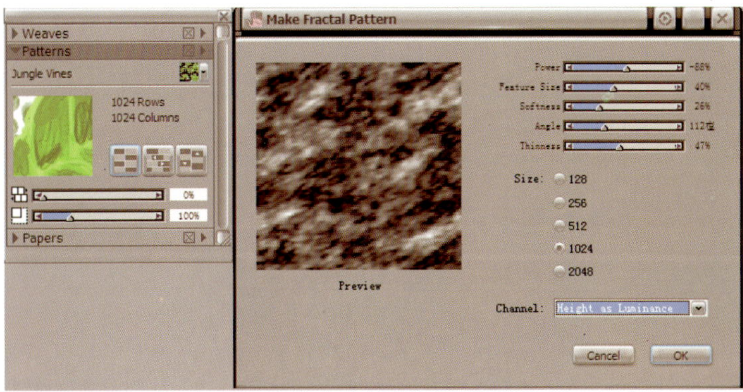

图4-42

第五节 Painter的Weaves(织物)面板

对于我们绘制服装效果来说，面料的绘制和填充是相当重要的，Painter IX为我们提供了可以编织布纹的Weaves面板，既可以使用其中预设的布纹样式，也可以创建新的布纹来建立编织库，然后同填充图案的方法来进行面料的填充。

一、Weaves（织物）面板

点开Weaves面板，我们可以看到大致的布局同Paper面板一样。

左边是面料的预览框，预览框右侧的两个方形按钮表示编织类型，有两种编织方式供我们选择，预览框的下边有四个滑块：H调整：控制布纹网格的长度；H密度：控制网格长度方向的密度。V调整：控制布纹网格的宽度；V密度：控制网格宽度方向的密度（图4-43-1）。单击面板右上角的小三角，在布纹的下拉菜单里提供了20种预设的布纹样式（图4-43-2）。

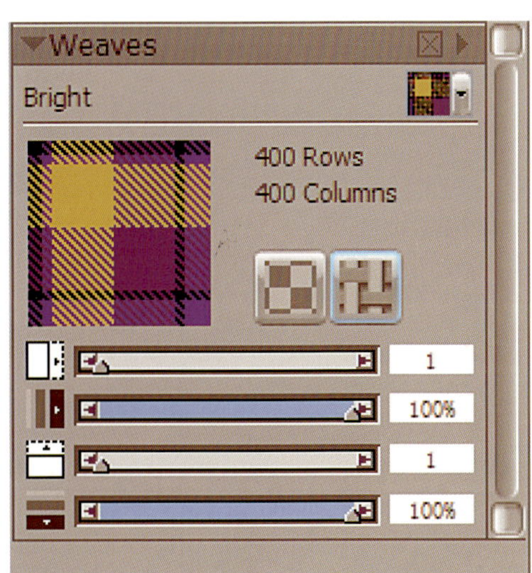

图4-43-1

图4-43-2

二、编织库中布纹的填充

我们用编织库中的布纹给这幅画好的线稿填充面料为例来讲解编织库布纹的填充。具体步骤如下：

（1）在布纹的下拉菜单中选择要填充的面料图案，这里我们选择了一块漂亮的格纹面料。（图4-44-1）

（2）选用工具箱中的“魔术棒”或“套索”等选取工具，选取我们要填充的服装区域。（图4-44-2）

图4-44-1

图4-44-2

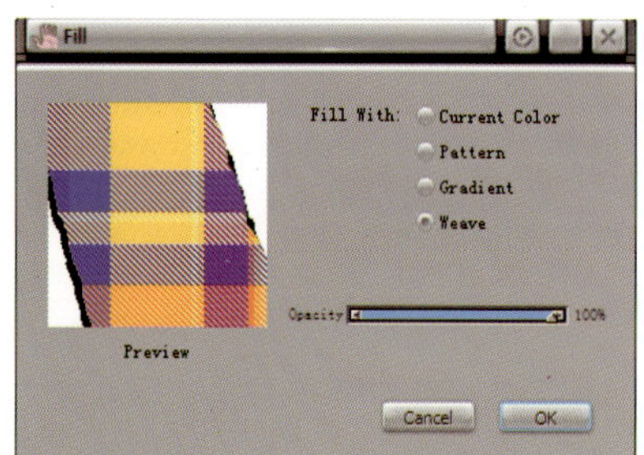

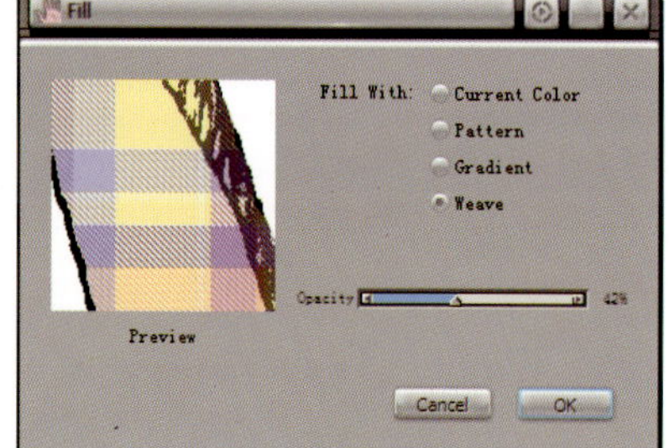

图4-44-3

（3）完成选区后，直接按快捷键Ctrl+F来进行填充，或选用工具箱中的“油漆桶”工具填充。在显示的Fill对话框中选择以面料为填充的类型，在Opacity滑块上控制填充面料的透明度。例如这里我们设置了一个半透明的填充效果进行的填充。（图4-44-3）

当然，我们还可以选择下拉栏中其他面料进行更改和填充。并且，我们可以通过滑动预览框下边四个选项的滑块来控制此格纹的长宽度和密度，得到理想的格纹后进行填充。如这里我们加宽了布

图4－45

纹网格的长宽度，使格子变大了。（图4-45）

三、布纹颜色的编辑

除了以上设置布纹的粗细图案的大小外，我们还可以编辑布纹的颜色。每一种布纹都有自己的颜色板，其中包含了布纹所有的颜色种类，可以通过改变颜色板中的颜色来改变布纹的颜色。具体方法如下：

（1）单击Weavea面板右上方的小三角，在下拉栏中点击Get Color Set，打开Color Set面板，可以看到上面罗列了此格纹面料预设的颜色。我们可以按自己喜好和需要任意更换、添加和删除上面的颜色。如单击颜色集板中需要删除的颜色，再单击面板下方的删除按钮即可；要添加颜色的操作是一样的，在工具箱上的主色块上选择好要添加的颜色，然后单击面板下方的添加按钮即完成颜色的添加。（图4-46-1）

（2）颜色设定之后，选择下拉菜单中的放置颜色集命令，则颜色自动生效，在预览框中即可显示出布纹颜色的改变。（图4-46-2）

（3）用工具箱中的油漆桶工具完成填充。（图4-46-3）

（4）我们看到这样填充的面料是平面的，为了增加立体感，还可以运用我们前面讲的画笔工具为服装的暗部上色，或使用橡皮擦减淡亮部等。（图4-46-4）

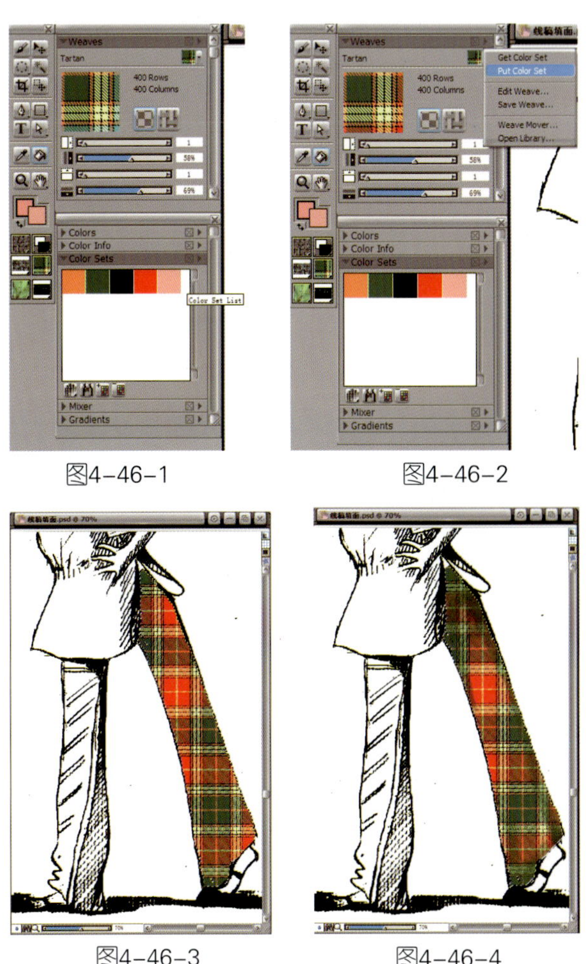

图4-46-1

图4-46-2

图4-46-3

图4-46-4

下面一组使用了同样的方法对绘制好的服装线描稿进行面料的填充，并且调整了面料图案的大小和颜色，使其达到我们满意的效果。（图4-47）

图4-47

四、编织库的创建

更多的时候，我们所绘制的服装需要填充的面料丰富多彩，这里预设的面料远远不能满足我们的需要，不用着急，我们还有其他三种方式来丰富自己的面料库，供随时调用。

1. 编辑编织

Painter IX 中为我们提供了面料编辑的功能。编辑编织对话框模拟织布机的工作原理，经线与纬线通过设置的编织方法织出风格各异的布纹图案。对话框左侧两个选框中的数值是经线、纬线编织使用的数值，用来改变编织的方法；对话框中部两个选框内的数值是经线、纬线所用的颜色代码。（图4-48）

我们可以通过单击对话框右侧视窗中的方格，编辑经、纬线交织的方式。编辑完成后，新编辑的布纹效果就出现在预览窗口中，设置布纹的水平与垂直缩放比例和厚度。（图4-49）

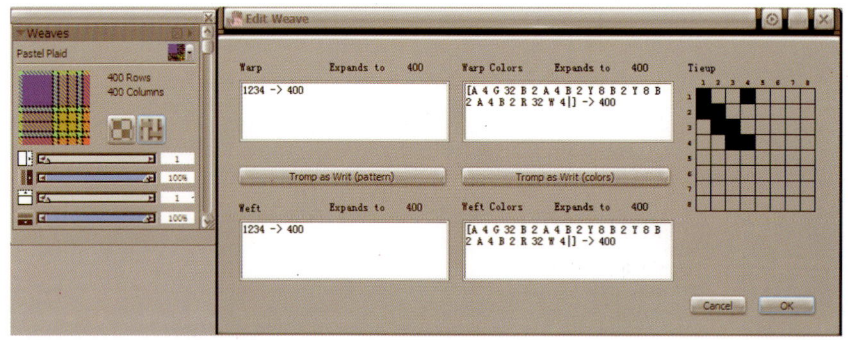

图4-48

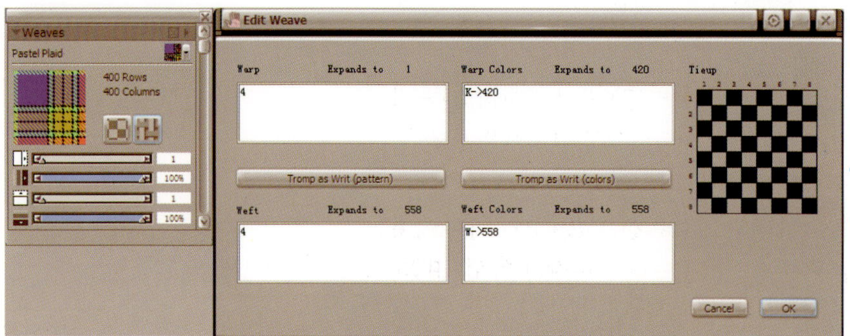

图4-49

但是，这种编辑面料图案的方式要求我们对编织知识有所了解，如经线、纬线编织使用的数值和经线、纬线所用的颜色代码等，比较复杂，所以不常用。

在服装效果图的绘制中，特别是对于印花面料，我们更多的时候是直接绘制面料小样，然后再储存在面料库中，或者直接扫描面料将其添加到面料库中。

2. 手绘面料

手绘的方法很适合绘制不规则的图案随意的面料。

（1）随意线条图案面料。随意线条图案面料的绘制方法如下：

1）在Painter中新建一个25×25 cm，300 pixel per cm的空白文档，选用Airbrushes喷笔的变体Tiny Spattery Airbrush绘制随意的曲线图案。（图4–50–1）

图4–50–1

2）再选用另外一种画笔Crayons蜡笔的变体Dull Crayons7设置不同粗细和颜色后绘制相互交错的曲线。（图4–50–2）

图4–50–2

3）完成绘制后，点开Paper面板右上角的小三角形选择“Capture Pattern”，在弹出的面板上命名新的面料图案，按“OK”确定。（图4–50–3）

4）这样，新绘制的面料图案就会自动出现在Parrern面板的预览框中，在填充面料图案时可以随时调用绘制的这块面料了。（图4–50–4）

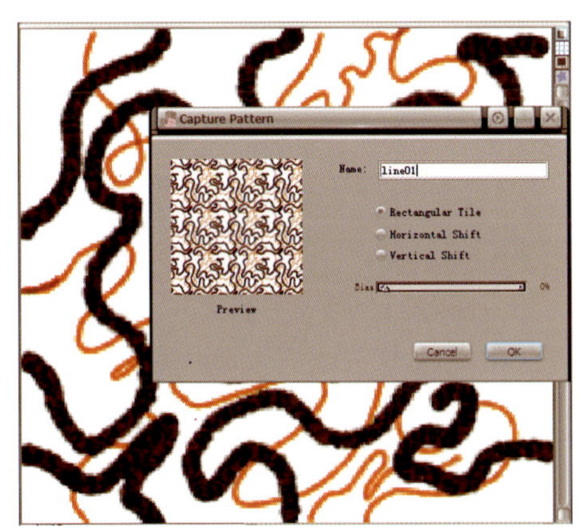

图4–50–3

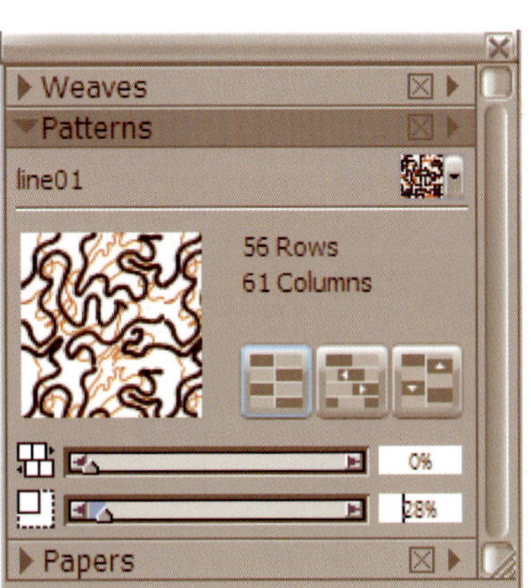

图4–50–4

（2）豹纹图案面料。豹纹图案面料的绘制方法如下：

1）在新建的空白文档上，先填充好底色，这里填浅黄灰色。

2）新建一个图层，用喷笔在上面绘制出大小不一、错落有致排列的豹纹点状。（图4–51–1）

3）再新建一个图层，选用喷笔中的细节笔绘制豹纹的深色部分，注意图案的疏密关系。（图4–51–2）

4）合并图层，选择“Capture Pattern”，在弹出的面板上命名新的面料图案“Puma01”，按“OK”确定；我们需要填充豹纹图案时，在Pattern面板中选取“Puma01”图案即可。（图4–51–3）

5）此外，我们还可以进一步绘制具有皮毛感的豹纹。选择F–X特殊效果画笔中的变体Confusion，在属性栏上将画笔设置粗一些，在前面绘制好的豹纹上涂抹，就可以使豹纹面料的表面形成皮毛一样的肌理效果。最后将它定义为“puma02”保存。（图4–51–4）

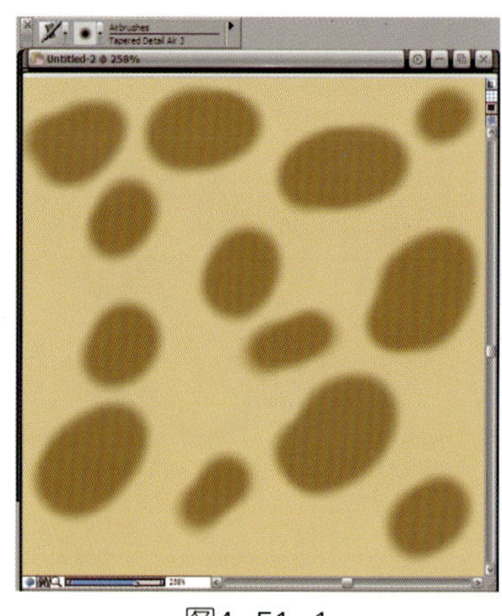

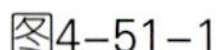

图4-51-1

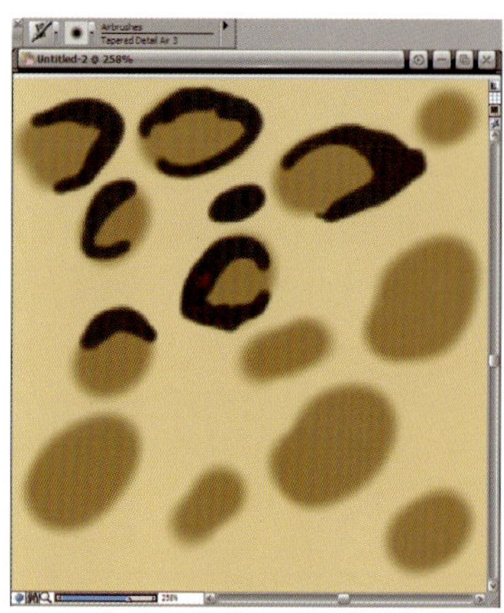

图4-51-2

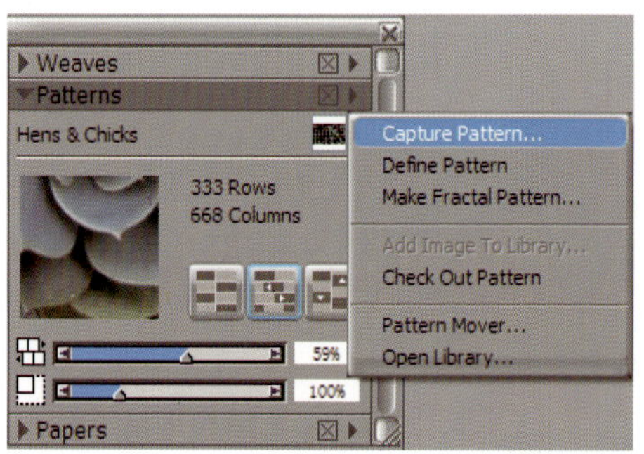

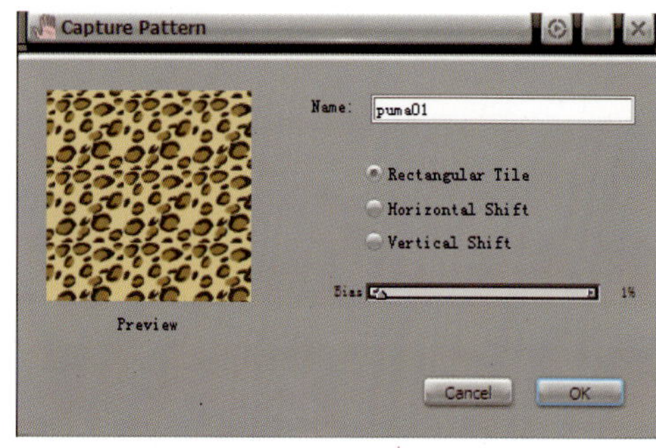

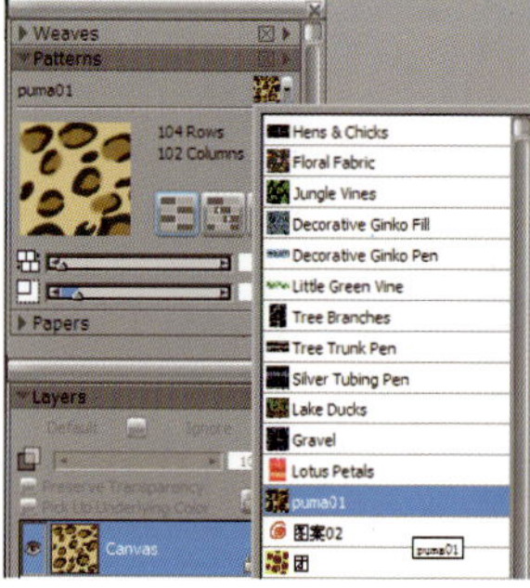

图4-51-3

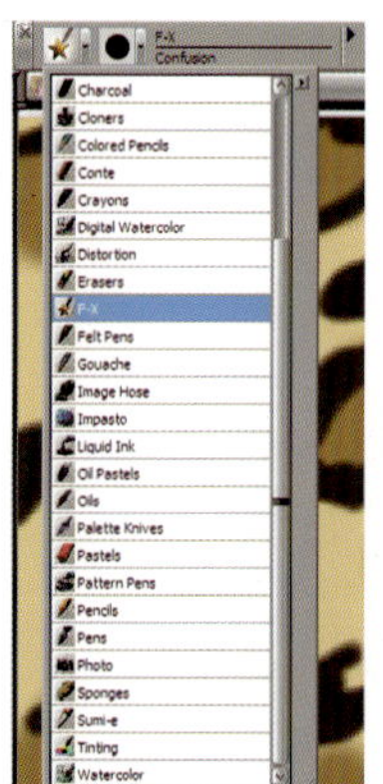

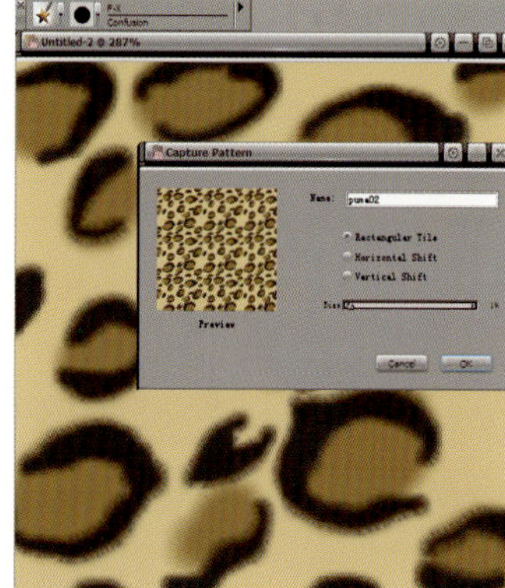

图4-51-4

（3）随意圆圈图案面料。按照同样的步骤，我们选用不同的画笔和颜色可以随心所欲地绘制喜欢的圆点图案面料。在新建的空白文档上，先填充好底色，再新建一个图层，用喷笔绘制我们想要的图案即可。（图4-52）

（4）其他风格图案面料。我们还可以运用艺术画笔的几种效果来绘制特殊印花的面料。

1）Impression画笔可以绘制类似于印象派画法的笔触，按照你想要的效果组织图案，最后保存所绘图案。（图4-53）

2）Seurat画笔可以绘制出漂亮的点彩画风格的印花面料。（图4-54）

3）用特殊效果笔来绘制抽象的印花面料。

首先新建一个25 × 25 cm，300 pixel per cm 的空白文档，选用Acrylics（排笔）画笔选择两三种不同颜色混合涂抹色块，同时要注意颜色的分布和疏密关系。（图4-55-1）

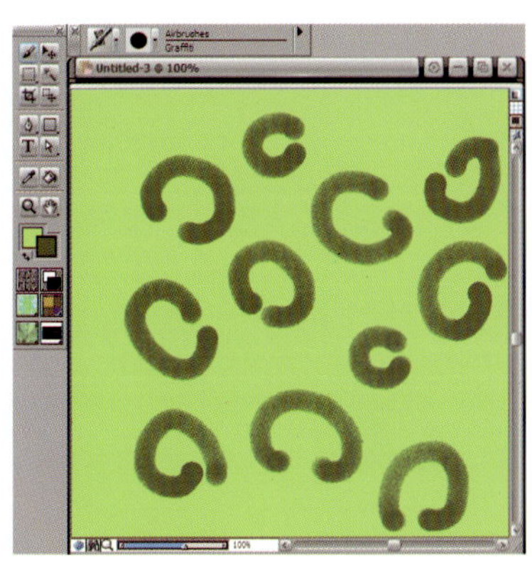

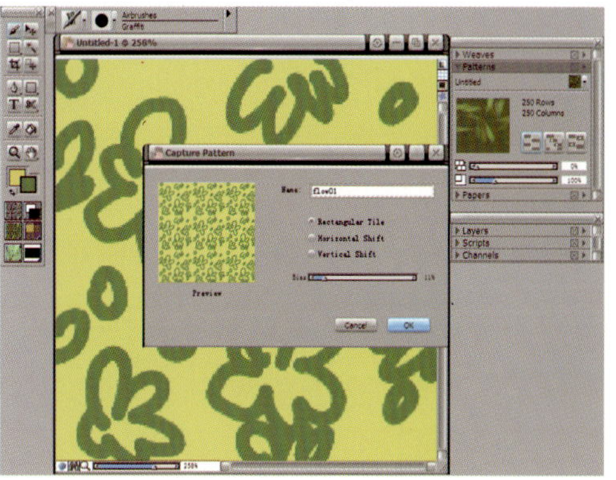

图4-52

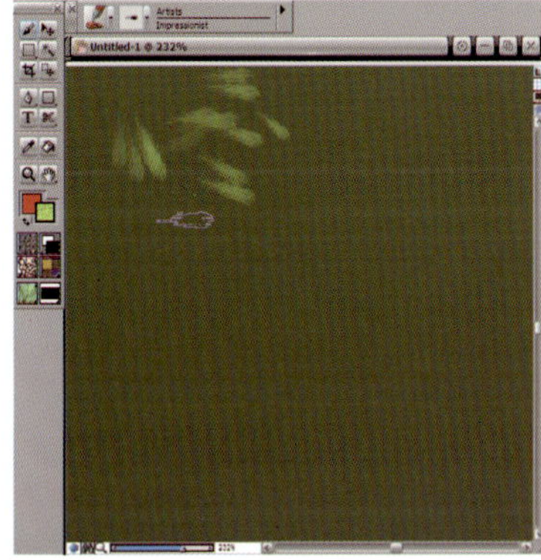

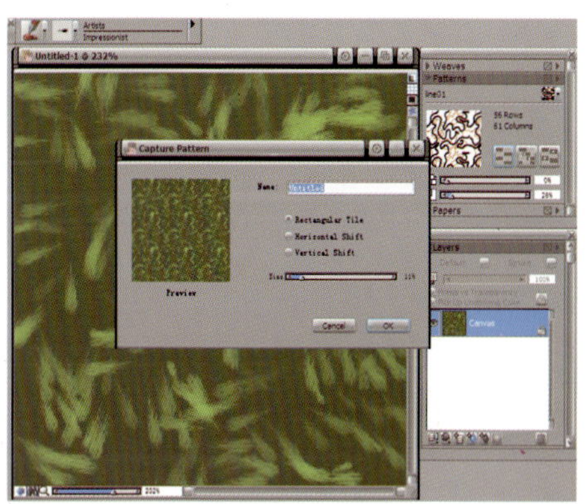

图4-53

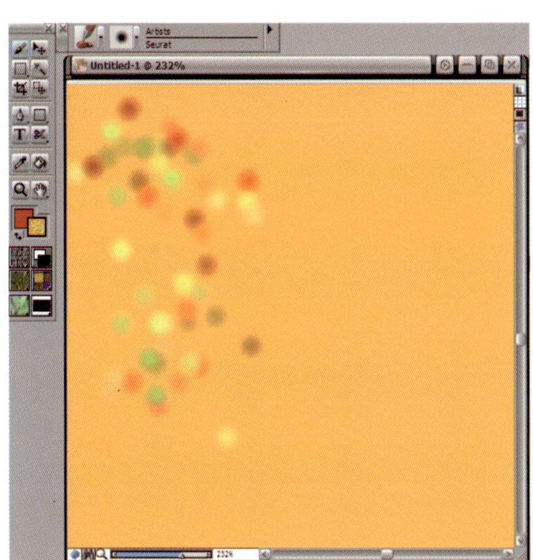

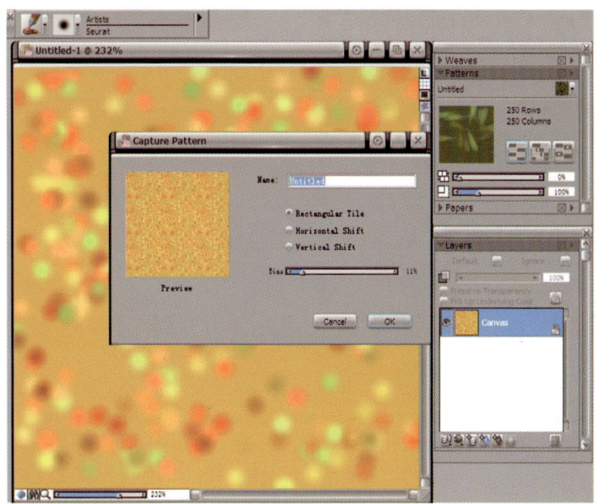

图4-54

图4-55-1

再换用Distortion扭曲水笔中的Hurricane飓风变体画笔在画布上涂抹，直至扭曲的图形达到你满意的效果。（图4-55-2）

最后打开Patter图案面板，选择Capture Pattern捕捉图案并命名保存。（图4-55-3）

（5）绘制皮草面料。我们以绘制这套服装上的毛领为例讲解皮草的绘制。（图4-56-1）

1）首先新建一图层命名，选择染色笔中的变体Basic Round画笔，画出毛领的基本颜色。（图4-56-2）

2）选择Erasers橡皮擦工具，根据需要设置属性栏里的各项数值，塑造毛领处的立体感。（图4-56-3）

3）选择F-X特效画笔工具的变体Hair Spray，设置属性栏里画笔大小和毛发的长短深浅等，然后在毛领处点按鼠标或压感笔，使毛领部分有了皮草一样的质感，成毛发状发散开。（图4-56-4）

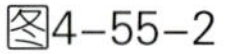
图4-55-2

图4-55-3

图4-56-1

图4-56-2

图4-56-3

图4-56-4

3. 扫描面料

我们将面料扫描后在Painter中打开，点开Pattern面板上的“Capture Pattern”命令来捕捉此面料图案（图4-57-1），同时调节Bias的滑块设置单位图案的大小（图4-57-2），得到需要的效果后命名此面料图案并保存，以此建立面料图案库，需要使用此图案的时候点开图案集的下拉菜单，即可以选择到此图案。（图4-57-3）

对于我们绘制和制作的这些面料，我们在服装效果图的填充时，一是使用直接的填充命令，这和Photoshop中的填充方法是一样的，先确定选区，再按Ctrl+F填充命令，再选择填充的类型即可。二是运用克隆画笔进行图案涂抹，可以绘制更生动的服装图案。我们将在第六节中具体演示。

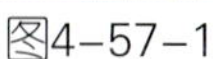

图4-57-1

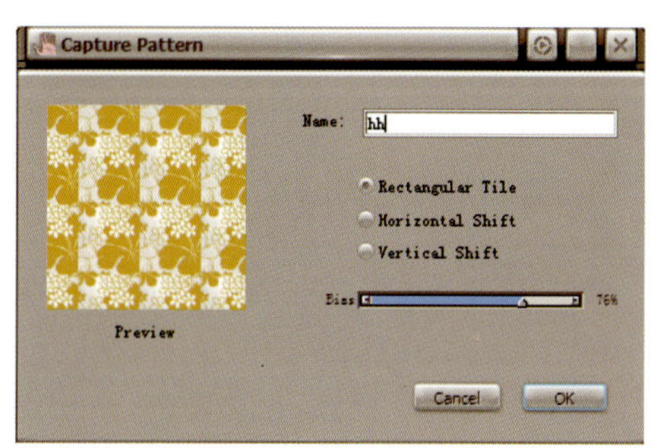

图4-57-2

图4-57-3

第六节　服装效果图绘制实例步骤演示

实例一:

（1）打开Painter，按照画面的需要设定绘图纸的大小，这里我们新建一个15 cm × 20 cm，分辨率为300 pdi的空白页面。（图4-58-1）

（2）在图层面板上新建一个图层，命名为“线稿”图层，选择铅笔工具中的2B铅笔，并设定其属性栏上的相应参数，在线稿层上画出模特的动态。（图4-58-2）

（3）在线稿层上继续使用Pencil铅笔工具细画，结合Eraser橡皮擦工具擦除修改，进行服装款式的细部绘制，直到准确的线稿完成，便可以进行上色了。（图4-58-3）

（4）在图层面板上再新建一个图层，命名为“上衣”图层，在图层面板上设置图层的混合模式为“正片叠底”，选择画笔工具中的Airbrushes喷笔工具，设定画笔的颜色，对上衣进行着色。（图4-58-4）

（5）按照上面相同的方法，分别对效果图中的裤子、袜子、鞋子、模特等进行着色，完成大致的色彩关系。（图4-58-5）

（6）接着进行第二遍的上色，是对各部分进行仔细刻画，如衣服的皱纹、明暗关系等。选择上衣的皱褶处颜色，大致绘制衣纹。（图4-58-6）

（7）接着选用各自相应的颜色对裤子、袜子等处进一步绘制。（图4-58-7）

（8）选用Tinting染色笔中的Hard Grainy Round变体笔，对服装立体感进行深入刻画，丰富衣纹皱褶的表现等。（图4-58-8）

（9）配合Blender混合笔工具的柔和笔触，刻画出更生动自然的效果。（图4-58-9）

（10）选用Soft Eraser变体画笔或Eraser橡皮擦工具对服装亮部进行擦涂，进一步塑造服装的体积感。（图4-58-10）

（11）用同样的方式对画面其他部位的亮部进行刻画。（图4-58-11）

（12）最后修整完成。（图4-58-12）

（13）根据画面情况，也可添加背景等场景的绘制，使画面更加漂亮、完整。（图4-58-13）

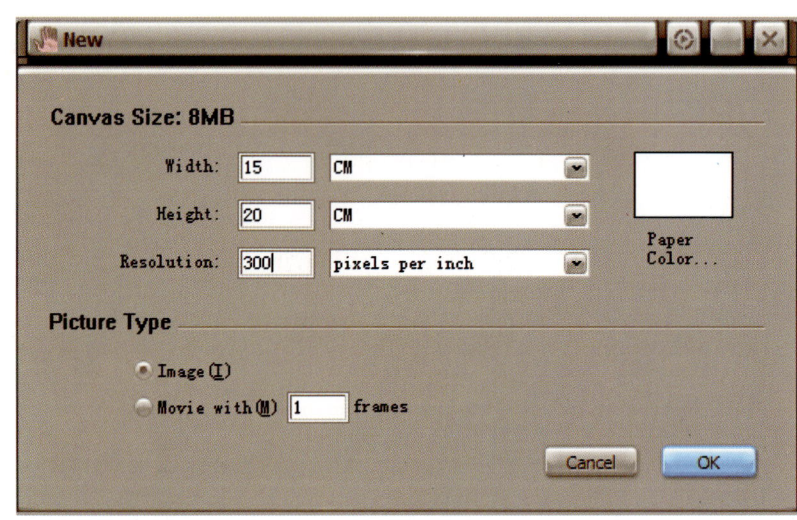

图4-58-1

图4-58-2

图4-58-3

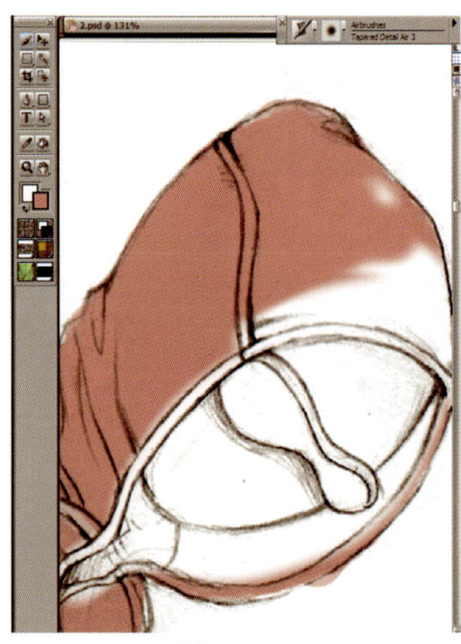

图4-58-4

图4-58-5

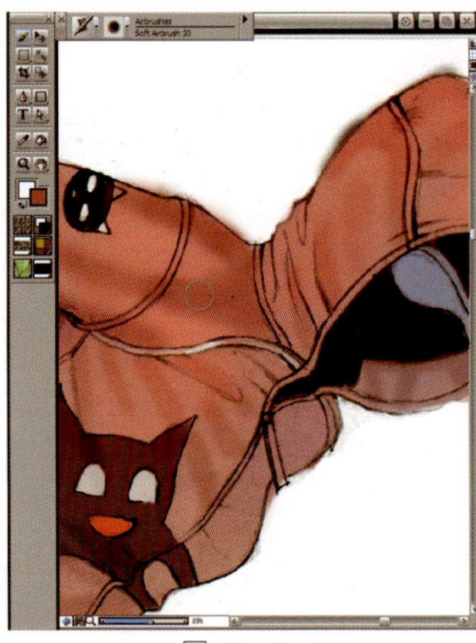

图4-58-6

图4-58-7

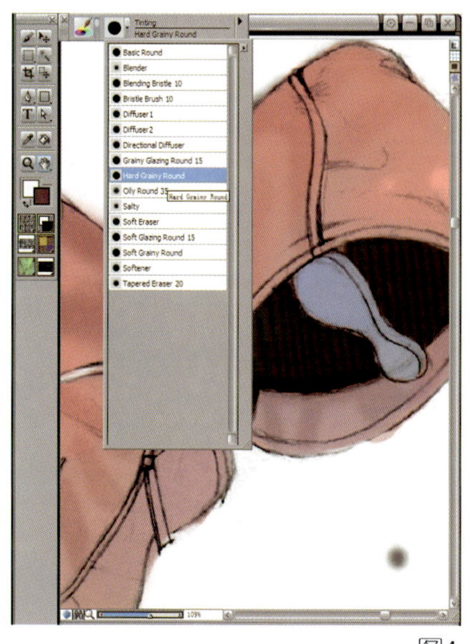

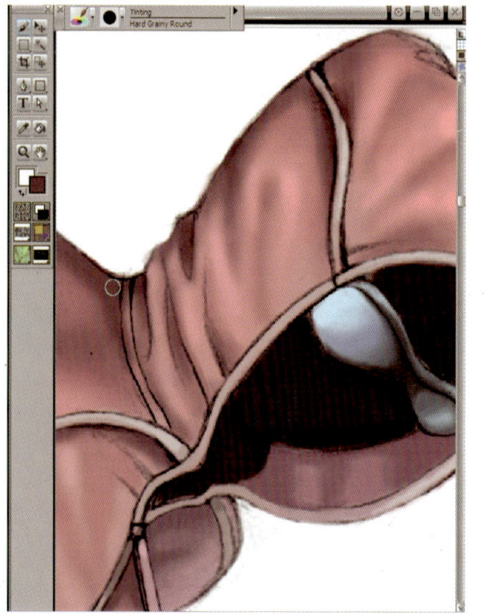

图4-58-8

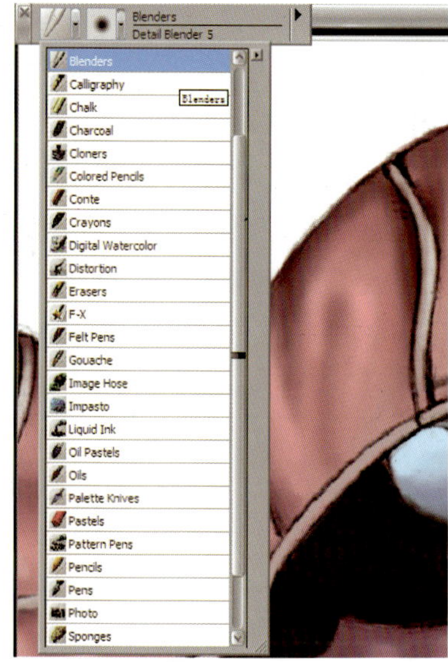

图4-58-9

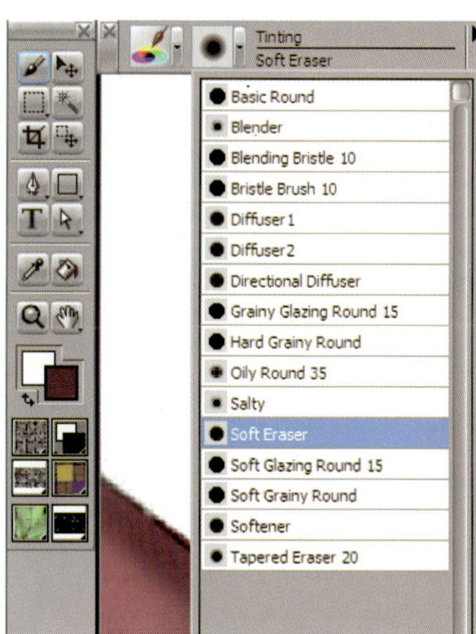

图4-58-10

图4-58-11

图4-58-12

图4-58-13

实例二:

（1）新建一个50 cmx50 cm，分辨率为300 dpi的空白页面，新建一个图层命名为“铅笔线稿”，选择铅笔的Cover Pencil变体画笔画出线稿。（图4-59-1）

（2）接着分别对效果图的每一部分进行色彩和面料的填充，我们先给上衣填充选好的面料图案，打开我们扫描好的一块面料，在Pattern图案面板上捕捉和储存此面料，再在画面上新建一图层命名为“上衣”，在图层面板上设置图层的混合模式为“Gel”。（图4-59-2）

（3）选择Cloners克隆笔的Soft Cloner变体画笔在上衣部位轻轻涂抹，先给上衣涂层底色。再选择Pencil Sketch Cloner变体画笔继续在衣服的皱褶部位刻画，操纵压感笔加深暗部。（图4-59-3）

（4）选择Digital Watercolor数码水彩笔工具的变体Wash Brush画笔，选择深紫色在暗部进行涂抹，柔和暗部的图案来消除前一步图案上的白点，加强服装的立体感。（图4-59-4）

（5）选择Digital Watercolor数码水彩笔工具的变体 New simple 画笔，

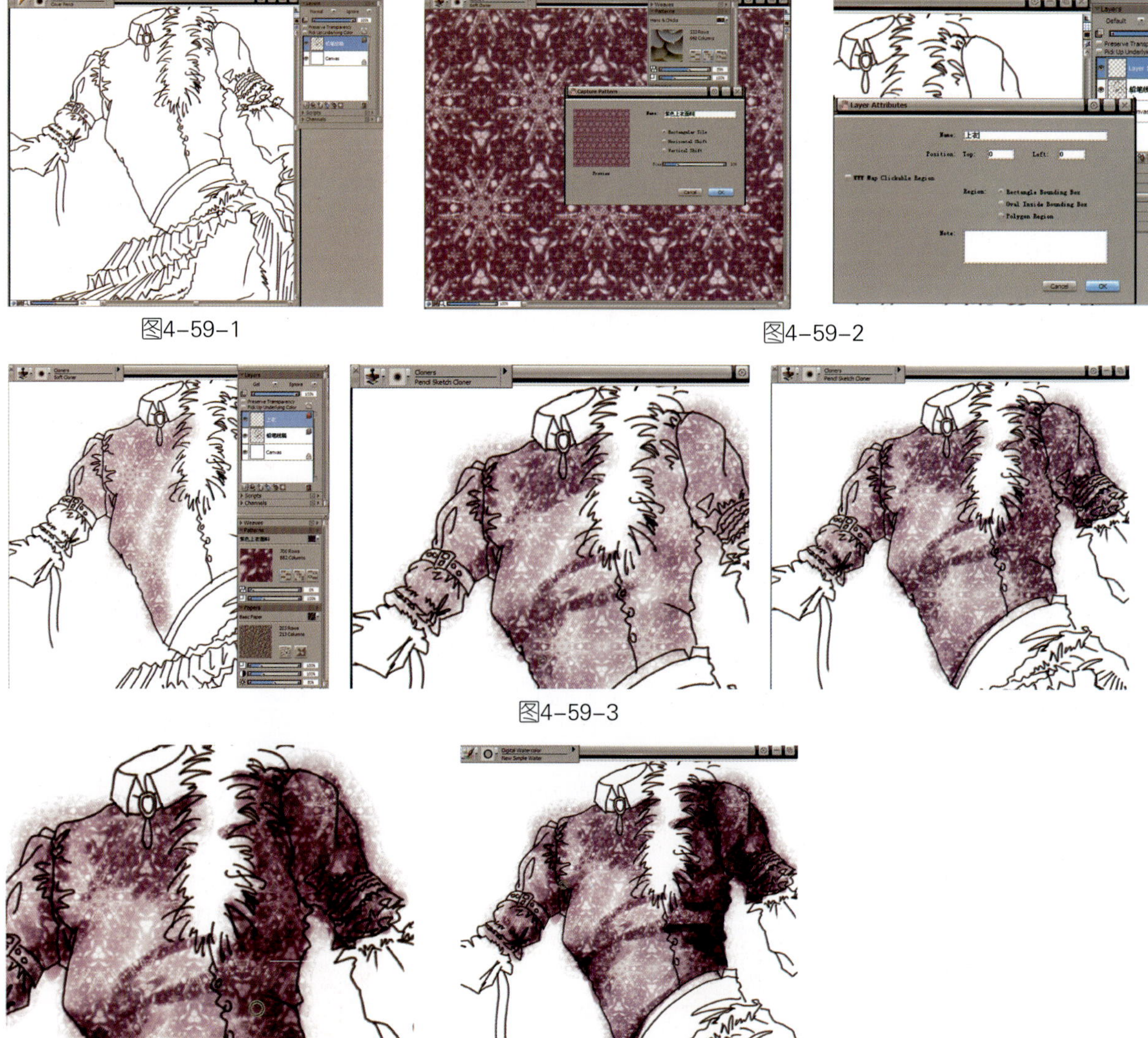

图4-59-1

图4-59-2

图4-59-3

图4-59-4

图4-59-5

在暗部加强衣服的折皱。（图4-59-5）

（6）选择Erasers橡皮擦工具的变体 Pionted Bleach 15画笔，减淡上衣的亮部。选择其变体 Flat Erasers进行亮部折纹的刻画，然后擦除轮廓线外被涂抹到的地方，整理外轮廓。（图4-59-6）

（7）选择 Blenders 混合笔的变体 Detail Blender 5画笔柔和涂抹的笔触，使服装绘制得更自然。（图4-59-7）

（8）接着给腰带部位上色，选择能表现纸纹和质感的 Conte 蜡笔变体 Tapered Conte 15 画笔，在Paper面板上选择纸张纹理的类型，设置纹理大小进行涂抹，这种画笔重叠的笔触地方会有颜色透叠的效果，所以涂抹时要注意运笔的方向和形式。同样运用 Blenders 混合笔的变体 Detail Blender 5画笔柔和涂抹的笔触，再选择Erasers橡皮擦工具整理外轮廓。（图4-59-8）

（9）选择Digital Watercolor数码水彩笔工具的变体 New simple 画笔，先给毛领上一层淡黄的底色；再在其属性栏上设置画笔的粗细，分别选择几种深黄色进行刻画。（图4-59-9）

（10）选择Digital Watercolor数码水彩笔工具的变体 New simple 画笔涂抹衣领处，再用Erasers橡皮擦工具减淡亮部且柔和笔触。选择Airbrushes喷笔的变体 Coarse Spray 画笔，并将画笔调细后绘制衣领处的花纹。（图4-59-10）

图4-59-6

（11）使用同样的方法完成上衣衣袖的填充。（图4-59-11）

（12）完成了上衣的填充后进行裙子的绘制，新建一图层命名为“裙子”，选择Airbrushes喷笔的变体 Fine Tip Soft Air 画笔，设置画笔的大小，结合适当的纸张纹理进行裙子底色的涂抹。（图4-59-12）

（13）选择 Tinting 染色笔的变体 Hard Grainy Round 画笔绘制裙子的暗部折痕，再选择Erasers橡皮擦工具整理外轮廓。（图4-59-13）

图4-59-7

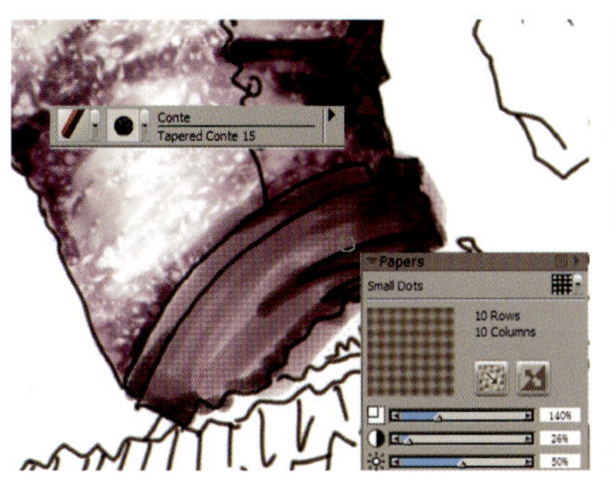

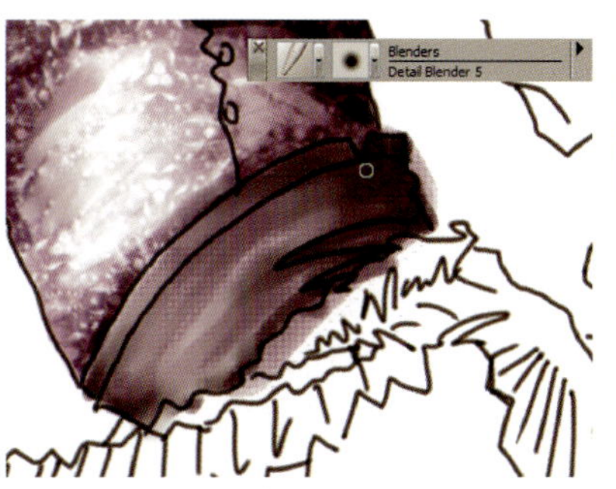

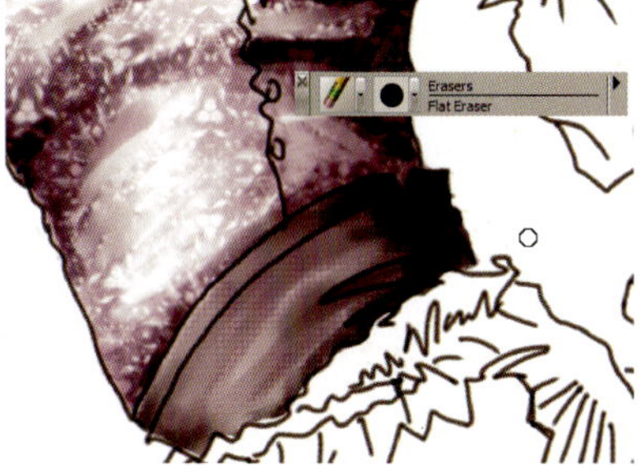

图4-59-8

（14）选择 Tinting 染色笔的变体 Basic Round 画笔绘制裙子的里层色彩。选择Erasers橡皮擦工具整理外轮廓。（图4-59-14）

（15）选择 Tinting 染色笔的变体 Basic Round 画笔按画面需要绘制背景。也可以扫描一些漂亮的面料图案进行背景的填充。（图4-59-15）

图4-59-9

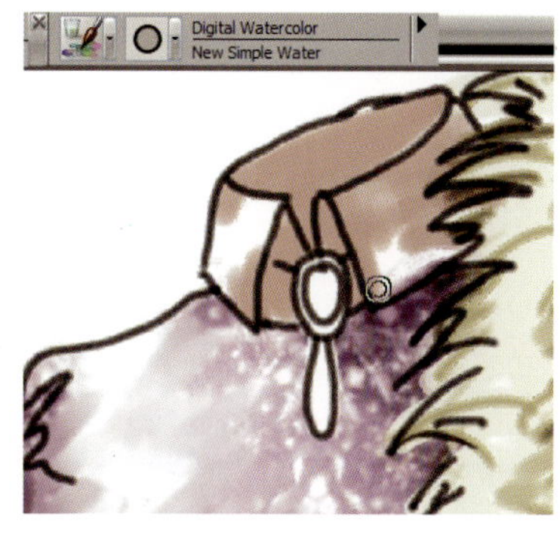

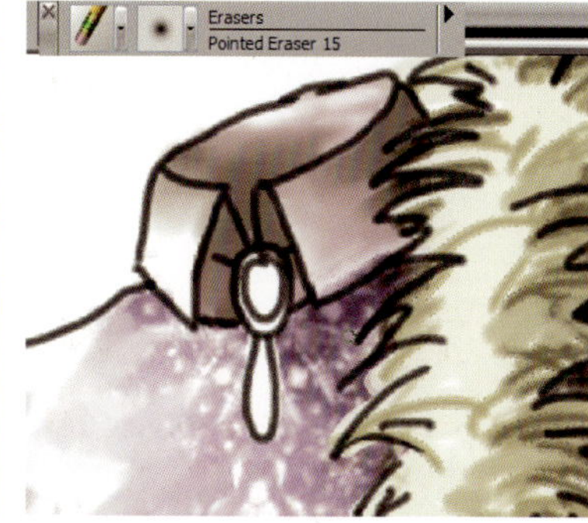

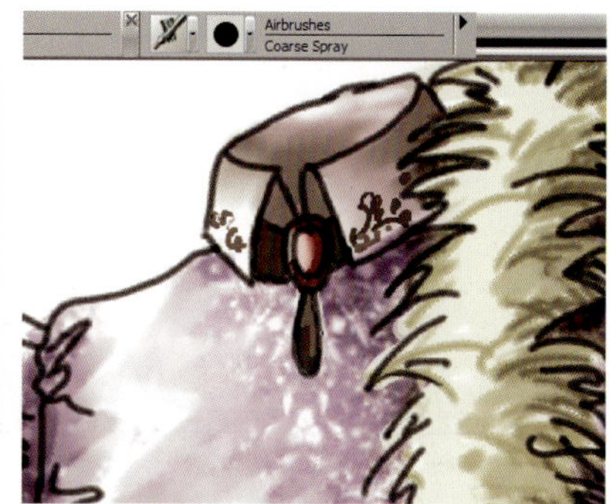

图4-59-10

图4-59-11

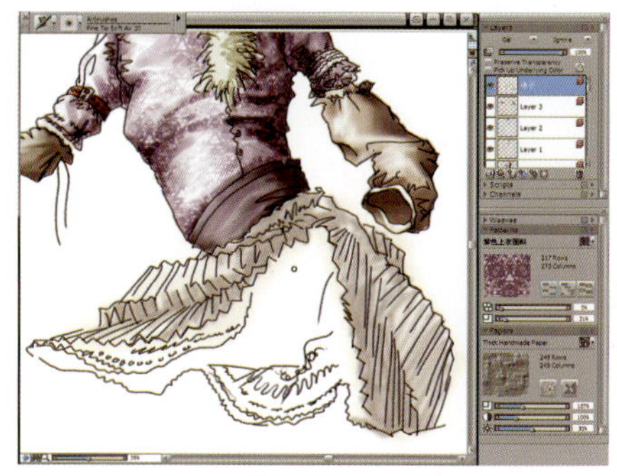

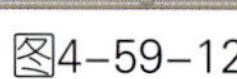

图4-59-12

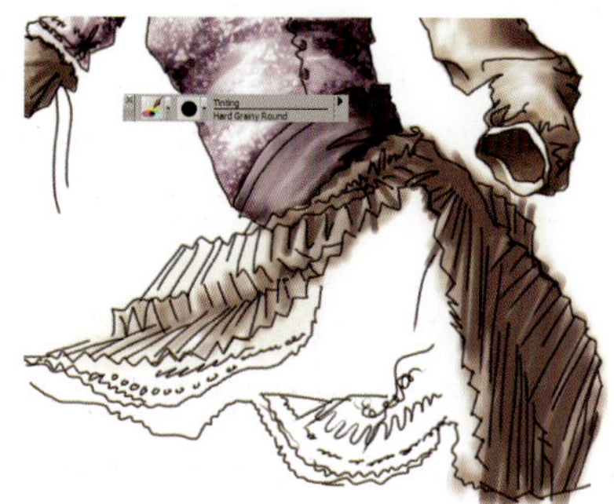

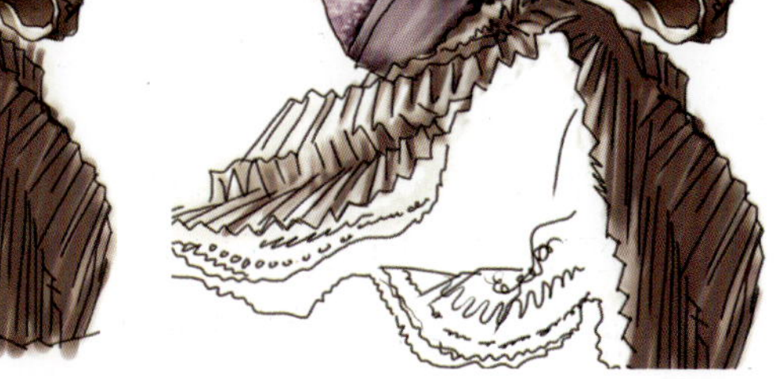

图4-59-13

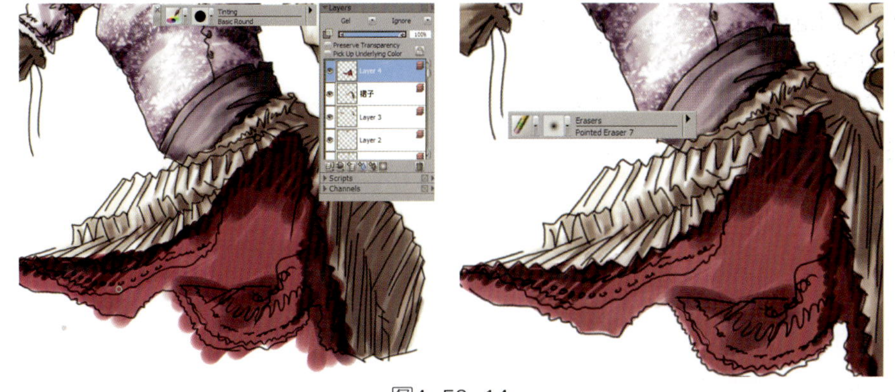

图4-59-14

图4-59-15

小结

这章在对专业绘画软件Painter的学习中，我们介绍了Painter IX的操作界面、菜单、工具箱和绘图工具栏，着重讲解了Painter中8种常用画笔及其变体，以及各画笔的高级设置。此外还分别而详细地讲解了Painter中的三大面板：Paper纸张面板、Pattern图案面板、Weaves织物面板，我们应熟练掌握其面板的设置和运用来表达服装效果。运用Paper纸张面板表现面料纹理，模特肌肤等肌理效果；运用Pattern图案面板编辑和创建新的面料图案；运用Weaves织物面板编辑布纹和布纹色彩的变换，绘制各种花纹和肌理的面料，创建新的编织库，丰富服装效果图的表达。

在服装效果图的绘制实例步骤的演示中，讲解了运用Painter绘制服装效果图的3个实例，其中有综合运用Painter和Photoshop来绘制效果图的部分，我们应很好地运用各软件的功能特点来进行绘制，使效果图的绘制更加方便快捷并且效果丰富。

通过Photoshop、CorelDRAW、Painter这三个软件的学习，我们已掌握了数码服装设计的多种表达方法，在服装效果图实际的绘制中，根据服装的款式和风格选择最能表现效果的方式，也可以综合运用这三个软件，利用其各自的优点来辅助我们的服装设计。

服装画作品欣赏

参考文献

[1] 曹建中．服装画电脑表现方法[M]. 上海：东华大学出版社，2003.
[2] 王钧．实用时装画[M]. 北京： 中国纺织出版社，2005.
[3] 伍燕玲．电脑服装造型艺术设计基础[M]. 北京：北京希望出版社，2001.